So pflege ich mein Pferd

Die besten Tipps für Fell, Mähne, Styling

Gabriele Metz

KOSMOS

Inhalt

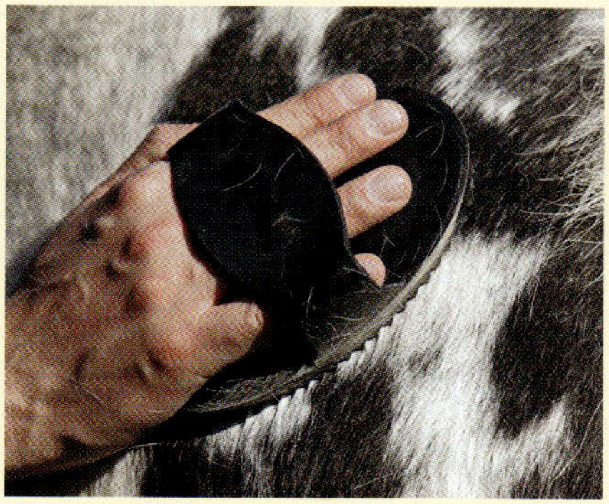

Sonnenstriegel und Windbürste

Pferd und Putzkiste gehören einfach zusammen. Das dürfte zumindest jeder denken, der tagtäglich zu Bürste und Striegel greift, um seinen vierbeinigen Freizeitpartner auf Vordermann zu bringen.
Dabei ist das keine Selbstverständlichkeit. In der freien Wildbahn sind Schmusebürste und Glanzspray unbekannt. Es gibt kein zweibeiniges Service-Team, das Mähnen entwirrt, Hufe auskratzt und das Fell auf Hochglanz poliert.
Trotzdem sehen Mustang & Co. gar nicht so ungepflegt aus. Kein Wunder, denn Mutter Natur leistet ganze Arbeit: Prasselnder Regen spült Schlamm und Staub aus dem Fell, wärmende Sonnenstrahlen trocknen es. Frischer Wind sorgt für üppiges Volumen. Meterlange, wallende Mähnen und seidige Schweife, die fast den Boden berühren, gibt es allerdings nicht in der freien Natur. Das wäre auch nicht praktisch, da sie ohne Pflege verfilzen und das Pferd damit hängen bleiben kann. Deshalb ist das Langhaar von Wildpferden meistens eher kurz.
Auch das Wälzen gehört zum natürlichen Pflege-Programm. Beim genüsslichen Hin- und Herkugeln wird die Durchblutung angeregt. Das ist gut für gesunde Haut und kräftiges Haarwachstum.
Ein weiterer angenehmer Nebeneffekt: Beim Wälzen werden lästige Insekten und andere Parasiten abgestreift – zwar nicht alle, aber reduzieren lassen sich die Plagegeister auf jeden Fall. Beim zweimal jährlich anstehenden Fellwechsel hilft Wälzen, altes Haar loszuwerden.

Auch an Hufpflege mangelt es Wildpferden nicht. Durch die ständige Bewegung über Stock und Stein nutzt sich das Horn ab und wird so auf optimaler Länge gehalten. Das sieht zwar nicht so akkurat aus wie bei einem vom Schmied ausgeschnittenen und geraspelten Huf, aber die Funktionalität wird allemal gewahrt.
Doch wie wird der Feuchtigkeitshaushalt des Horns geregelt? Schließlich fettet und ölt keiner die Hufe eines Wildpferds.
Auch dafür sorgt die Natur: Der Morgentau spendet trockenen Hufen Feuchtigkeit. Außerdem suchen Wildpferde immer wieder Wasserstellen auf, in denen sie auch die Hufe befeuchten. Deshalb raten manche Hufschmiede zu einer Schwämme. Besser noch sind Weiden mit flachen Bachläufen, doch diesen Luxus können nur wenige genießen. Pferde und Ponys in Robusthaltung dagegen profitieren wie ihre wilden Verwandten vom Morgentau. Sonne, Wind und Regen bilden folglich ein perfektes Pflegeteam. Also, einfach weg mit der Putzkiste?
Von wegen. Da haben sich Putzfaule zu früh gefreut. Pferde finden bei uns nur noch selten natürliche Lebensbedingungen vor. Deshalb reichen auch Sonnenstriegel und Windbürste nicht aus, um ein Pferd gesund zu erhalten. Ja, gesund. Denn eine mangelnde Pflege beleidigt nicht nur das Auge, sondern kann das Pferd auch krank machen.
Verantwortungsbewusste Pferdeliebhaber pflegen ihre Tiere. Und zwar gründlich. Wobei zu viel des Guten durchaus schädlich sein kann.
Wie pferdegerechte Pflege vom täglichen Basisprogramm bis hin zum gekonnten Styling funktioniert, lesen Sie in diesem Buch.

Bestens ausgerüstet

Warum braucht man für die Pferdepflege nur so viele Bürsten? Ist es Prestige? Oder ein Statussymbol, wenn sich die stabile Putzkiste mit ihrem prallvollen Inhalt kaum noch schließen lässt? Eigentlich nicht, denn ein hochwertiges und vielseitiges Pflegeset ist ein Muss für jeden Pferdehalter.

Nur wer optimal ausgerüstet ist, kann seinem Vierbeiner auch die optimale Pflege angedeihen lassen. Und die ist wichtig, wenn der Freizeitpartner bis ins hohe Alter fit und gesund bleiben soll.
Ungepflegte Pferde leiden gar nicht selten unter Haut- und Hufproblemen und können dauerhafte Schäden davontragen.

Wie gelackt

Pferde faszinieren Menschen schon seit vielen Tausend Jahren. Kaum jemand kann sich ihrer Schönheit und Anmut entziehen. Ein glänzendes Fell und seidiges Langhaar verstärken den eleganten Eindruck.

Bei Rappen kommt auf Hochglanz poliertes Fell besonders gut zur Geltung. Im hellen Sonnenlicht wirken sie wie aus schwarzem Lackleder. Dieser Effekt lässt sich durch regelmäßiges Putzen erzielen. Geht man nach dem Striegeln und Bürsten noch mit einem angefeuchteten Fensterleder über das Fell, wird es perfekt.
Auch ein Glanzspray leistet ausgezeichnete Dienste. Wer aber lieber mit natürlichen Substanzen für Highlights sorgt, gibt einfach einen kleinen Schuss Apfelessig in einen Eimer Wasser und reibt das Pferd mit einem feuchten Schwamm ab, der zuvor in das Essigwasser getaucht wurde. Das ist allerdings nur während der warmen Jahreszeit zu empfehlen, keinesfalls bei winterlichen Temperaturen.
Nicht zuletzt spielen natürlich auch Haltung und Ernährung eine Rolle für den Zustand des Fells.

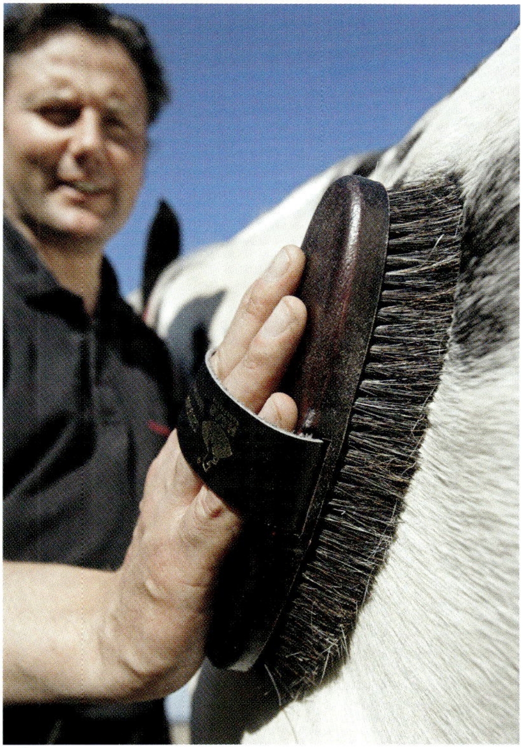

Schatzkiste

Auch wenn echte Putzfans stundenlang von den Vorzügen hochwertiger Kardätschen schwärmen könnten, dürfen Sinn und auch Nutzen des restlichen Equipments nicht geschmälert werden.
Zur optimalen Pferdepflege benötigt man eine vielseitige Ausrüstung, die sich gut ergänzt. Dass es bei der Zusammenstellung schnell eng in der Putzkiste werden kann, liegt nicht am Sammelfieber. Jedes Pferd hat eine individuelle Felltextur. Jede Jahreszeit bedarf einer anderen Pflegetechnik. Der zweimal pro Jahr anstehende Fellwechsel fordert Bürsten ganz besonders heraus. Wer für jede Situation gewappnet sein will, muss bestens ausgerüstet sein. Eine gut sortierte Putzkiste ist eine Schatztruhe.

Glänzendes Finale

Das Beste zuerst – auch wenn es beim Putzen eigentlich zuletzt an die Reihe kommt. Die Kardätsche (oben) ist ein Klassiker und in jeder gut sortierten Putzkiste zu finden. Kein Wunder, denn wenn es darum geht, jedes noch so feine Staubkörnchen zu entfernen und dem Fell einen herrlichen Glanz zu verleihen, ist diese Powerbürste mit den sanften Borsten nicht zu toppen. Mit ihr hat jede Putzsession ein glänzendes Finale.

1001 Bürsten

Das Angebot an Pferdebürsten ist schier überwältigend: Runde Gummi- und eckige Nadelstriegel, stabile Wurzelbürsten, Naturborsten-Kardätschen, Mähnen- und Schweifbürsten, Huf- und Waschbürsten. Nicht zu vergessen: die zahlreichen Eigenkreationen verschiedener Hersteller, die mit weichen Schmusebürsten, Dual-Schwingköpfen, Wurzelkardätschen und anderen Innovationen locken. Hinzu kommen eine Vielzahl an Farben und Mustern, die die Auswahl zusätzlich erschweren. Tipp: Vor dem Einkauf auf jeden Fall eine detaillierte Liste erstellen, auf der die benötigten Bürstentypen stehen. Gehen Sie dann gezielt shoppen und lassen Sie sich nicht vom Riesenangebot verführen. Hier ein Überblick als Orientierungshilfe.

Starkes Trio

Das lassen sich auch Sensibelchen gefallen: Kardätschen sind nicht nur für eher hautempfindliche Pferde, sondern auch für knochige Stellen wie die Beine und das Gesicht geeignet.
Manche Modelle sind mit stabileren Borsten verstärkt (links). Mit ihnen lässt sich angetrockneter Schmutz auch an empfindlichen Bereichen spielend leicht entfernen.

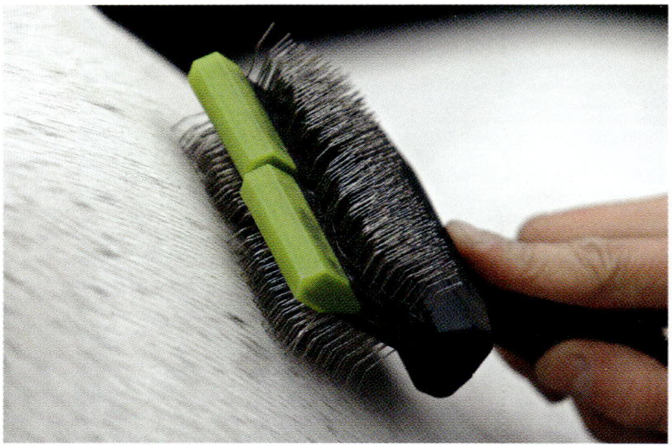

Beschwingt

Diese Bürste ist eine Innovation. Sie kommt aus der Hundepflege und wurde individuell auf verschiedene Felltypen abgestimmt.
Die Bürste besteht aus zwei sehr flexiblen Köpfen, die mit an den Spitzen abgerundeten Metallborsten bestückt sind. Vorteil: Die Flexibilität ermöglicht eine optimale Anpassung an die Körperformen. Das Modell gibt es auch mit nur einem Schwingkopf.

Runde Sache

Ein weiterer Klassiker: der Gummistriegel. Er ist die Nummer eins – zumindest, wenn es um die Reihenfolge der Schmutzbekämpfung geht. Mit ihm arbeitet man sich in kreisenden Bewegungen durch das Fell, entfernt hartnäckigen Schmutz und loses Haar. Außerdem massiert er das Pferd.

Kleine Kratzbürste

Klein, aber groß, wenn es um Leistung geht: Wenn zähe Mistreste an den Hufen kleben oder einer dicken, eingetrockneten Schlammschicht kaum beizukommen ist, sorgt diese Bürste für saubere Verhältnisse. Wichtig: nur am Hufhorn einsetzen, nicht auf der Haut.

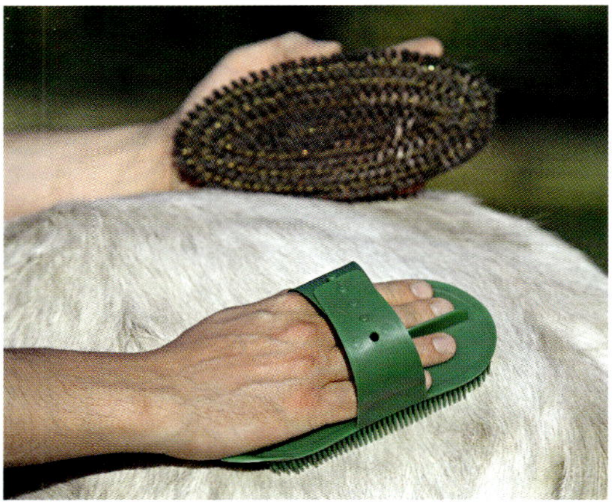

Im Duett

In perfekter Harmonie arbeiten Nadelstriegel (vorne) und Wurzelkardätsche (hinten) zusammen.
Im ersten Putzgang bürstet man sich mit dem Nadelstriegel vom Hals des Pferdes über den Rücken und Bauch bis zur Kruppe hin durch. Immer in Fellwuchsrichtung und den Striegel nach zwei bis drei Strichen kräftig an der Wurzelkardätsche abstreifen!

Qualitätsmanagement

Jeder mag seine eigenen Vorlieben bei der Auswahl von Putzzeug haben, aber wenn es um die Qualität geht, kann es eigentlich nur eine Meinung geben: Das Beste ist gerade gut genug. Dabei muss das Beste nicht unbedingt das Teuerste sein, doch eine hochwertige Bürste hat durchaus ihren Preis. Vorsicht: Manche Billighersteller verpacken minderwertige Ware in ein trügerisches Gewand und verlangen viel Geld dafür.
Generell empfiehlt es sich, auf robuste Materialien und eine stabile Verarbeitung zu achten. Putzzeug sollte gut in der Hand liegen, das Handgelenk nicht belasten und gerne akzeptiert werden. Legt das Pferd beim Putzen ständig die Ohren an und schnappt in die Luft, stimmt etwas nicht.

Die Auswahl des geeigneten Putzzeugs und eine schonende Aufbewahrung sind nur zwei wichtige Faktoren für ungetrübtes Putzvergnügen. Der dritte Faktor ist mindestens ebenso wichtig: die Reinigung der Ausrüstung. Wird diese nicht penibel sauber gehalten, kann sie sogar Krankheiten übertragen. Aus diesem Grund sollten auch Schwämme regelmäßig gewaschen oder ausgetauscht werden. Das Qualitätsmanagement fängt schon vor dem Putzen an!

Eine saubere Sache

Hochwertiges Putzzeug hat seinen Preis. Am besten verstaut man alles in einer ausreichend großen Putzkiste, damit die verschiedenen Bürsten bei der Lagerung keinen Schaden nehmen. Wer das Putzzeug einfach in einen Beutel steckt, wird nicht lange Freude daran haben.

WUSSTEN SIE?

- dass Putzzeug Pilze, Bakterien und Parasiten von einem Pferd auf andere übertragen kann?
- dass man abgenutzte Bürsten regelmäßig erneuern sollte?
- dass man Bürsten waschen kann?

Sanfte Reiberei

Nach dem Putzeinsatz werden die Bürsten gründlich von Schmutz und Haaren befreit. Wurzelbürsten und Kardätschen lassen sich leicht aneinander abstreifen: einfach beide Bürsten mit sanftem Druck aufeinandersetzen und in verschiedene Richtungen bewegen. Das ist schonender, als sie am Rand der Boxentür oder an einer anderen Kante abzustreifen.

Genau abgeklopft

Gummistriegel haben eine robuste Natur, sie lassen sich problemlos ausschlagen. Dabei ist es ganz gleich, ob das auf dem Betonboden des Putzplatzes, auf einer Zaunlatte oder an der Unterseite des Reitstiefels geschieht. Ist der Gummistriegel stark verschmutzt, wäscht man ihn einfach unter fließendem Wasser ab und lässt ihn bis zum nächsten Tag an der Luft trocknen.

Blinde Passagiere

Auch wenn alle Bürsten regelmäßig gereinigt werden, sollte jedes Pferd sein eigenes Putzzeug haben. Benutzt man dieselbe Bürste für verschiedene Pferde, können Bakterien und Pilze übertragen werden. Doch wer will schon blinde Passagiere in der Bürste?

Putzvorlieben

„Jeder Jeck ist anders." Was im Rheinland als geflügeltes Wort mit durchaus hohem Wahrheitspotenzial gilt, trifft auch auf Pferde zu.
Die einen lassen sich liebend gerne von vorne bis hinten kräftig durchschrubben und können gar nicht genug bekommen. Sie zeigen das typische Putzgesicht und wissen vor Verzückung nicht wohin.
Andere legen schon beim Anblick der Putzkiste unwirsch die Ohren an und beißen verzweifelt in den Halfterstrick.
Das muss übrigens nicht unbedingt etwas mit den Pflegekünsten des Reiters zu tun haben. Pferde haben eben – genau wie Menschen – bestimmte Vorlieben und Abneigungen, denen sie manchmal recht unmissverständlich Ausdruck verleihen.

Sanfte Konsequenz

Eines vorab: Sie sollten die tägliche Putzstunde an die Vorlieben Ihres Pferdes anpassen – so weit das möglich ist. Schließlich ist Pflege auch Wellness und vermag erheblich zur Vertrauensbildung zwischen Pferd und Reiter beizutragen. Genauso kann eine unangenehme Putzsession das Vertrauen schwächen. Zum Beispiel dann, wenn mit zu harten Bürsten an empfindlichen Körperstellen gearbeitet wird. Allerdings sollte man zwischen wirklichem Umwohlsein und launischem Gehabe fein unterscheiden. Zickt das Pferd beim Putzen, weil es gegenüber dem Menschen dominant ist, darf man das natürlich nicht tolerieren. In solchen Fällen sollte man konsequent sein und das unerwünschte Verhalten unterbinden. Bitten Sie notfalls einen Profi um Hilfe.

Diven

Manche Pferde sind ausgesprochen hautempfindlich. Das kann angeboren sein. Man erkennt diese Sensibilität an eindeutigen Zeichen: Das Pferd zuckt nervös, wenn man es mit der Bürste berührt. Auch unwirsches Schütteln, Scharren, Schnappen, Ausschlagen und das Anlegen der Ohren sind Warnzeichen.
Die Lösung? Beim Putzen mit möglichst weichen Bürsten arbeiten und das Pferd immer wieder loben, wenn es gelassen bleibt. So setzt man positive Impulse.

Genießer

Andere Pferde lieben es, mit Bürsten kräftig durchgeschrubbt zu werden. Sie recken genüsslich den Hals vor und machen eine lange Oberlippe: das typische Putzgesicht. Manche versuchen auch, mit kreisender Lippe an den Körper ihres Pflegers zu kommen, um „gegenseitige Fellpflege" zu betreiben – so, wie sie es mit Artgenossen in der Herde machen. Auch wenn das „süß" ist, erlauben Sie es nicht. Denn im Putzeifer können Pferde schmerzhaft kneifen – und das ist nicht ungefährlich.

WUSSTEN SIE?

- dass Stuten ihre Fohlen mit kreisenden Lippenbewegungen beruhigen?
- dass sich Linda Tellington-Jones hierdurch für ihre TTouches inspirieren ließ?
- dass viele Pferde kitzelig sind und deshalb beim Putzen herumzappeln?

Seidenhaar und Teddybär

Es gibt Putzvorlieben – die sind Charaktersache. Und es gibt unterschiedliche Felltexturen – die sind angeboren.
Vergleichen Sie doch einmal das üppige Fell eines Islandpferdes mit der seidigen Haarpracht eines Andalusiers. Oder das wuschelige Lockenhaar eines Curly Horses mit dem aalglatten Look eines Vollblutarabers.

Es gibt feines Pferdehaar und derbes. Langes und kurzes. Trockenes und eher fettiges. Hier ist individuelle Pflege gefragt, denn Bürsten, die einen Hannoveraner glänzend dastehen lassen, sind für ein Shetland Pony im Winterpelz ungeeignet. Da bedarf es anderer borstiger Raffinessen, um nach dem Putzen einen Erfolg zu sehen.

Kaschmir-Gewand

Pferde, die ursprünglich aus warmen und trockenen Regionen stammen, haben meist ein kurzes, seidiges Fell. Zu ihnen gehören Andalusier (links), Vollblutaraber, Berber, Pasos und Lusitanos.
Iberische Rassen bestechen durch opulentes Langhaar, dessen Pflege echtes Insider-Wissen bedarf. Da es viele Jahre dauert, bis Mähne und Schweif eine showreife Länge erreicht haben, kämpfen Langhaar-Fans um jedes Haar.
Tägliches Einflechten in dicke Zöpfe verhindert scheuerbedingte Verwüstungen. Aber Vorsicht: Kleine Zöpfe sind ungeeignet, sie schädigen das Haar eher. Der Einsatz von pflegenden Conditionern beugt Haarbruch vor. Statt Bürsten und Kämmen ist hier sorgfältiges Handverlesen angesagt. Ein Glanzspray sorgt für den letzten Schliff.

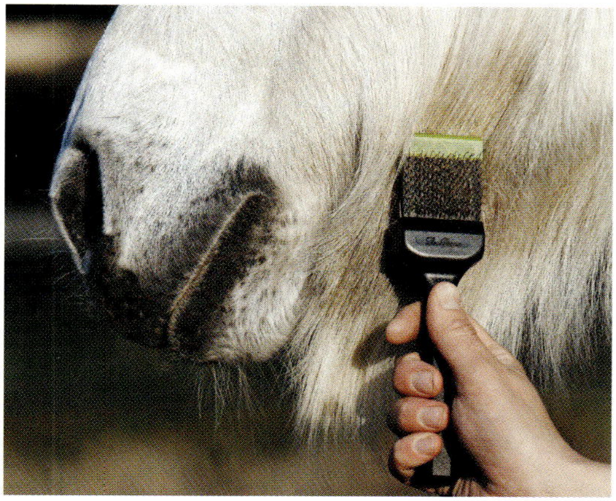

Plüschtier-Flair

Ponyrassen können während der kalten Wintermonate einen beeindruckenden Pelz entwickeln. Ältere Tiere haben oft einen regelrechten Teddy-Look.
Um diese Haarfülle erfolgreich zu pflegen, braucht man ein robustes Equipment.
Tipp: Bei Pferden mit besonders dickem Fell wirken Metallbürsten mit abgerundeten Borsten Wunder.

Persianer-Look

Nein, es handelt sich nicht um eine Stoffwechselstörung, sondern um den welligen Persianer-Pelz eines Curly Horses. Die nordamerikanische Rasse ist für ihr gelocktes Fell berühmt. Um es zu pflegen, braucht man stabile Bürsten mit harten Borsten. Weiche Borsten dringen nicht tief genug durch.

Millimeterarbeit

Fell-Check: Nehmen Sie ein Haarbüschel Ihres Pferdes zwischen zwei Finger. Nun sehen Sie genau, wie lang es ist und ob sich darunter stark pigmentierte (dunkle) oder schwach pigmentierte Haut befindet. Rosafarbene Haut ist immer empfindlicher als schwarze. Stimmen Sie Länge und Härte von Bürstenborsten auf das Fell ab.

Starkosmetik

Sie stehen im Rampenlicht und müssen vor den Augen kritischer Richter bestehen oder das Publikum begeistern: Schau-, Show- und Turnierpferde werden deshalb besonders aufwendig herausgeputzt. Über das normale Pflege-Programm geht solch ein Styling weit hinaus. Es gibt sogar Profi-Pfleger (Groomer), die sich auf Starkosmetik für Vierbeiner spezialisiert haben. Waschen, Trocknen, Polieren, Schminken und Lackieren – das klingt fast wie eine Mischung aus Autowerkstatt und Schönheitssalon. Und so unrealistisch ist der Vergleich gar nicht. Repariert wird nämlich auch. Das ist zwar offiziell nicht erlaubt, aber wer genau hinsieht, findet durchaus gefärbte Hufe, überschminkte Pigmentstörungen und Kunst-Haarteile.

Beauty King

Imperial Baarez ist ein Vollblutaraber und eine hoch dekorierte Schönheit. Den Profi-Pflegern des schönen und schauerfahrenen Hengstes dürfte kein Grooming-Kniff unbekannt sein.
Typisch für die Araber-Szene ist die im Genickansatz ausrasierte Mähne. Sie lässt den Hals länger wirken. Auch über dem Auge wurde rasiert, um es optisch zu vergrößern.
Die ausrasierten Ohren und penibel entfernten Tasthaare sieht man nur bei amerikanischen Pferden. Beides ist bei uns zum Glück verboten. Öltücher intensivieren die Hautfarbe um Augen und Nüstern. Manche Araber werden auch geschminkt – mit schwarzem Kajalstift, der dem Auge mehr Ausdruck verleihen soll. Schönheitsfehler werden mitunter sogar chirurgisch entfernt.

Spritztour

Waschen gehört zum Profi-Styling wie Schimmel- und Rappenshampoos oder Conditioner mit Seidenproteinen. Die Zeiten, in denen Shampoo aber mit der Hand oder dem Schwamm im Fell verteilt wurde, sind vorbei. Es gibt Systeme, die man einfach an den Wasserschlauch anschließt (unten). Der Clou: Shampoo oder Glanzspülung werden einfach in die kleine Plastikkugel gefüllt und sprudeln gleichmäßig über das Fell.
Man kann auch Erfrischungs-Liquids mit Latschenkiefer o. Ä. in die Kugel füllen, um dem Pferd nach anstrengenden körperlichen Herausforderungen Gutes zu tun. Das geht natürlich nur, wenn es warm ist oder ein Solarium zur Verfügung steht. Die Beine können auch im Winter mit wohltuender Kugelfrische verwöhnt werden.

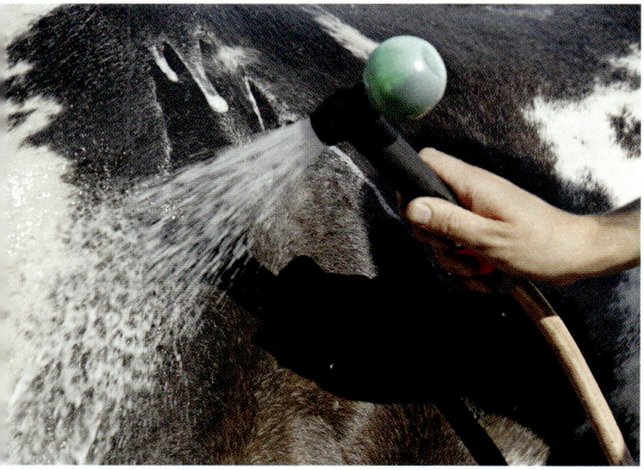

Zauberstein

Und gleich noch ein Trick der Grooming-Profis: der Zauberstein. Er ist federleicht und fühlt sich an wie ein Bimsstein. Seine poröse Oberfläche verschlingt Mist- und Grasflecken geradezu. Einfach mit kurzen, kräftigen Strichen in Wuchsrichtung über das Fell streichen und anschließend vorsichtig ausklopfen (nicht zu kräftig, denn ansonsten zerbricht der Stein).
Bei Schimmeln und Schecken kann der Stein sein ganzes Können entfalten. Aber Achtung: Zu häufiger Einsatz kann zu Haarbruch führen.
Zum Abschluss geht man noch mit einer weichen Bürste über das Fell.
Tipp: Bei der Arbeit mit dem Stein unbedingt Handschuhe tragen. Ansonsten gibt es eine unfreiwillige Hornhautbehandlung und auf Dauer wunde Finger.

Basispflege

Wer Pferde mag, der putzt sie gerne, denn die tägliche Pflege ist ein wichtiger Beitrag zur Gesundheit. Wie viel Putzenergie erforderlich ist, hängt dabei von der Haltung und der Nutzung des Pferdes ab.
Robust gehaltene Pferde sollten immer vor dem Aufsatteln oder Anschirren in den Genuss von Bürste und Striegel kommen, ansonsten aber nicht übermäßig viel geputzt werden. Zu viel Fellpflege kann ihre natürliche Thermoregulation stören. Ausnahme: Während des Fellwechsels ist tägliches Putzen sinnvoll, um tote Haare herauszubürsten, die Juckreiz und Scheuerdrang verursachen können.

Schlammschlacht

Ein Bad im Schlamm ist herrlich. Davon scheinen Pferde überzeugt zu sein. Wenn sie die Möglichkeit haben, was bei artgerechter Haltung der Fall ist, halten sie ihren Pfleger ganz schön auf Trab. Da hilft kein Stöhnen, sondern nur, vor dem Reiten eine halbe Stunde mehr fürs Putzen einzuplanen. Zuerst werden die Hufe ausgekratzt. Dann beginnt man auf der linken Körperseite des Pferdes, oben am Hals, mit dem Gummistriegel groben Schmutz zu entfernen. Man arbeitet sich mit kreisenden Bewegungen über die Schulter und den Rücken bis zur Kruppe vor.

WUSSTEN SIE?

- dass Kardätschen früher aus den Fruchtständen von Disteln hergestellt wurden?
- dass Metallstriegel keinesfalls bei hautempfindlichen Pferden eingesetzt werden dürfen?
- dass Putzen das Lymphsystem in Schwung bringt und dadurch Giftstoffe entschlackt werden?

Putzen mit System

Auch unter dem Bauch darf der Gummistriegel einfühlsam kreisen. Danach geht es auf die andere Körperseite.
Der zweite Durchgang erfolgt mit Nadelstriegel und mittelharter Wurzelkardätsche. Der Striegel wird nach zwei bis drei Strichen an der Kardätsche abgestreift, um Staub zu entfernen. Nachdem beide Körperseiten mit dem Nadelstriegel bearbeitet wurden, tauscht man die Bürsten. Nun gleitet die Wurzelkardätsche durch das Fell und wird am Nadelstriegel abgestrichen. Jetzt ist das Pferd vom gröbsten Schmutz befreit. Fürs glänzende Finish verwendet man eine weiche Kardätsche. Bei starker Verschmutzung kann auch eine Metallbürste sinnvoll sein. Aber ganz einfühlsam einsetzen, nicht zu viel Druck ausüben und immer parallel zum Körper arbeiten.

Parkettfähig

Nun geht es an die Beine. Sie werden mit einer weichen Bürste gereinigt, weil sie knochig und daher empfindlich sind. Eine harte Wurzelbürste ist den meisten Pferden eher unangenehm. Weiche Modelle sind in Ordnung.
Was fehlt jetzt noch? Gesicht, Mähne und Schweif. Auch hier ist schnell für Sauberkeit gesorgt. Der sensible Gesichtsbereich wird mit einer kleinen, weichen Schmusebürste, einem Putzhandschuh oder einer Kardätsche verwöhnt.
Mähne und Schweif werden sorgfältig mit den Händen verlesen. Danach kann man etwas Pflegespray oder eine Lotion hineingeben und das Langhaar mit einer weichen Bürste ausbürsten. Aber vorsichtig, damit möglichst kein Haar ausgerissen wird!

Safety first

Bevor es an die Insider-Tipps für eine perfekte Pflege geht, muss an die Sicherheit gedacht werden. Denn das Putzen eines Pferdes kann auch gefährlich sein. Nicht nur, wenn der Vierbeiner nervös ist, zubeißt oder tritt. Manchmal sind es scheinbar harmlose Banalitäten, die dem Pfleger plötzlich einen Arztbesuch oder dem Pferd eine Tierarztbehandlung bescheren.

Das muss nicht sein. Deshalb beginnt eine Putzstunde immer mit einer überlegten Planung; angefangen beim geeigneten Putzplatz über die richtige Anbindetechnik bis hin zum nötigen Sicherheitsabstand zwischen Reiter und Pferd.
Auch das Tragen von Handschuhen ist beim Putzen sinnvoll, zum Beispiel beim Hufeauskratzen.

Sicherer Knoten

Sicheres Putzen erfordert zunächst ein sicheres Umfeld. Das kann eine spezielle Putzbox oder ein ruhig gelegener Putzplatz sein. Wichtig sind ein rutschfester Boden und stabile Anbinderinge, die nicht aus der Wand reißen, wenn ein Pferd daran zieht. Immer wieder kommt es vor, dass sich Pferde erschrecken und mit unbändiger Kraft den gesamten Anbindebalken aus der Verankerung reißen. Wenn sie damit im Schlepptau durchgehen, sind Unfälle und Traumata vorprogrammiert. Deshalb dürfen Pferde nie an Stellen angebunden werden, die nicht dafür ausgelegt sind.
Fast ebenso wichtig ist der richtige Sicherheitsknoten, den man mit einem Ruck aufziehen kann, falls das Pferd in Panik gerät und nach hinten zieht oder zu steigen beginnt.

Putzen mit System

Bei der Schweifpflege sollte man immer seitlich vom Pferd stehen. Auch wenn es normalerweise nie ausschlägt, kann es in einer unerwarteten Schrecksituation dazu kommen. Wer direkt hinter dem Pferd steht und einen Huftritt abbekommt, wird unter Umständen schwer verletzt. Also: Immer außerhalb der Reichweite der Hinterhufe dem Pflegevergnügen frönen.

Mit Vorsicht

Ähnliche Sicherheitsregeln gelten für die Pflege der Beine. Man sollte sich immer seitlich platzieren. Dort ist die Gefahr, getreten und verletzt zu werden, am geringsten. Am gefährlichsten lebt man direkt hinter den Hinterbeinen und auch vor den Vorderbeinen. Manche Pferde schlagen mit Vehemenz mit den Vorderbeinen aus – und das sind nicht nur Hengste, sondern durchaus auch Stuten und Wallache.
Doch auch neben den Beinen herrscht ein Restrisiko. Deshalb immer so in die Knie gehen, dass man schnell zur Seite springen kann, wenn es brenzlig wird. Hinsetzen – womöglich noch auf einen Hocker – ist absolut tabu. Da das Pferd einen nicht gut sehen kann, wenn die Hinterbeine geputzt werden, sollte man es ansprechen, bevor die Bürste das Bein berührt.

Ganzkörperpflege

Was passiert eigentlich beim Putzen eines Pferdes? Eine ganze Menge. Es geht nämlich nicht nur um eine makellose Optik. Der tägliche Einsatz von Striegel & Co. erhält das Pferd gesund. Wer putzt, entfernt Hautschuppen und lose Haare. Das ist wichtig, denn Schuppen und abgestorbenes Haar verursachen Juckreiz. Deshalb scheuern sich ungepflegte Pferde deutlich mehr als gepflegte. Gleichzeitig regt das Putzen die Durchblutung der Haut an. Gut durchblutete Haut ist eine wichtige Basis für ein gesundes Fellwachstum und natürlichen Glanz. Gepflegtes Fell glänzt übrigens auch ohne den Einsatz spezieller Pflegemittel.
Es gibt also viele gute Gründe, den Striegel kreisen zu lassen.

Body & Soul

Pferdekörper sind recht groß. Selbst an einem Shetland Pony gibt es mehr zu bürsten als an einem großen Hund. Doch trotz aller Imposanz ist der Pferdekörper durchaus sensibel. Schließlich reagiert er sogar auf eine einzelne Fliege mit Zucken, wenn sie sich auf ihm niederlässt. Wie deutlich müssen Pferde dann erst eine Bürste spüren? Ziemlich deutlich! Deshalb sollte man beim Putzen immer einfühlsam vorgehen. Es gibt allerdings einige Körperstellen, die von Natur aus extrem feinfühlig sind. Das sind alle Bereiche, wo nur eine dünne Hautschicht über dem Knochen liegt, zum Beispiel der Widerrist, die Hüftknochen und die Gelenke, aber auch die Bauchregion. Wird dort mit harten Bürsten grob agiert, verliert das Pferd schnell das Vertrauen in den Pfleger.

Sensible Zonen

Die Skepsis kann sich zu richtiger Ablehnung steigern, wenn sich negative Putzerlebnisse wiederholen. Wer das seelische Gleichgewicht des Pferdes erhalten und das Vertrauen zum Menschen festigen möchte, geht beim Putzen behutsam vor.
Die Zone unter dem Bauch sollte nur mit weichen Bürsten verwöhnt werden. Vorsichtig muss man vor allem im Bereich des Euters (Stuten) und der Geschlechtszone bei Wallachen sein. Hier bürstet man nur sanft den umliegenden Bereich. Der Intimbereich selbst sollte generell nur in Absprache mit dem Tierarzt gereinigt werden. Viele Pferde sind auch über den Nieren sehr empfindlich. Am besten achten Sie beim Putzen immer auf die Körpersprache und ändern bei Anzeichen von Unbehagen die Putzstrategie.

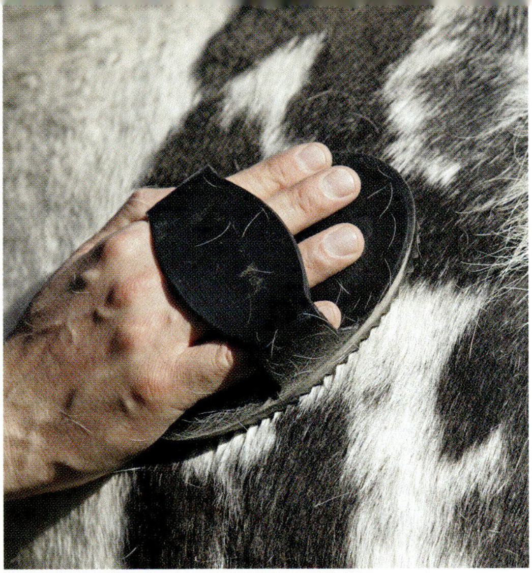

Zucken und Zappeln

Zuckt Ihr Pferd, wenn Sie die Sattellage ausbürsten? Beißt es manchmal unwirsch in den Halfterstrick? Sieht es dabei richtig sauer aus?
Vielleicht ist es nur sehr sensibel. Es könnte aber auch noch eine andere Erklärung geben: Satteldruck. Das muss nicht immer gleich mit sichtbaren Symptomen wie Druckstellen, Haarausfall oder offenen Hautpartien einhergehen. Vielleicht besteht nur leichter Satteldruck, der sich jedoch verschlimmern kann, wenn das Problem – der schlecht sitzende oder lange nicht mehr aufgepolsterte Sattel – nicht behoben wird. Zucken und Abwehrreaktionen, die plötzlich bei der Ganzkörperpflege auftreten, sollten übrigens immer ein Anlass sein, die Gesundheit des Pferdes vom Tierarzt durchchecken zu lassen. Zur Sicherheit.

Beinpflege

Sie bilden gemeinsam mit den Hufen das Fundament des Körpers und sind für das Fluchttier Pferd der wichtigste Bereich des Körpers: die Beine.
Beim Putzen gehören sie zu den diffizileren Themen. Das hat mehrere Gründe: Zum einen ist die Pflege der Beine immer mit einem Restrisiko verbunden. Das Pferd könnte treten oder zur Seite springen und einen dabei verletzen. Zum anderen sind Beine knochig und es liegen zahlreiche Sehnen und Bänder direkt unter der Haut. Folglich scheiden Bürsten mit harten Borsten für die Pflege aus.
Das hat einen Haken: Beine werden auch ganz schnell schmutzig, und mit weichen Bürsten ist einer harten Schlammkruste doch gar nicht beizukommen – oder?

Fleißig bürsten

Dieser schicke Hannoveraner-Hengst steht auf tadellos gepflegten Beinen. Eine echte Meisterleistung des Pflegers, zumal die schlanken Fesseln auch noch von strahlendem Weiß geziert werden.

Ganz klar: Hier wurde mit Wasser und Shampoo gearbeitet. Für den schaureifen Look ist das meistens unumgänglich. Bei der täglichen Pflege reicht jedoch auch emsiges Bürsten. Hierzu eignen sich am besten weiche Kardätschen, wenn die Pferdebeine nicht übermäßig verschmutzt sind.

Pieksen ist tabu

Hat man es mit angetrocknetem Schmutz und Schlamm zu tun, empfiehlt sich eine mittelharte Wurzelbürste mit eher langen Borsten. Die ist auch gut für den Gelenkbereich geeignet, weil sie sich anpasst, ohne zu pieksen, was bei Bürsten mit kurzen Borsten schneller der Fall ist.
Kommt das Pferd gerade von einer feuchten Weide oder einem schlammigen Paddock, sind Bürsten fehl am Platz. Dann gibt es nur zwei Lösungen: Entweder muss man warten, bis alles getrocknet ist oder zum Wasserschlauch greifen und die Beine abspritzen. Anschließend werden sie mit einem Frottee-Handtuch abgetrocknet. Shampoos sollte man aber nicht täglich verwenden. Das trocknet die Haut aus.

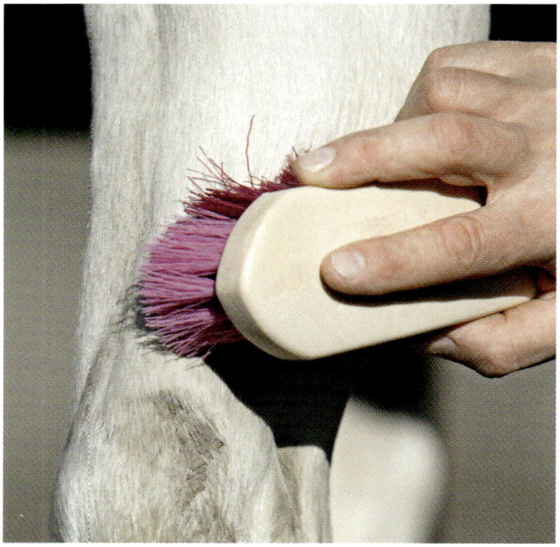

Kötenbehänge

Ein Tipp für Pferde mit üppigen Kötenbehängen: Das lange Haar mit Pflegespray einsprühen und anschließend mit einer Metallbürste zu üppigem Volumen aufbürsten.

WUSSTEN SIE?

- dass man Glanzspray sparen kann, indem man es auf die Hände sprüht und dann die Beine damit abreibt?
- dass man alte Nagellöcher am Huf mit Kerzenwachs verschließen kann?
- dass sich Kastanien ganz leicht entfernen lassen, wenn man sie mit Öl oder Melkfett einweicht?
- dass Kartoffelmehl weißes Fell sauberer erscheinen lässt?

Gesichtspflege

Sehen, Hören, Riechen, Schmecken – der Kopf des Pferdes ist ein Kontrollzentrum der Sinne und genau das macht ihn so empfindlich. Hektische Handbewegungen, unangenehme Gerüche oder brennende Substanzen führen zu oftmals heftigen Reaktionen. Deshalb ist beim Putzen im Gesicht Vorsicht geboten: Immer mit weichen Bürsten arbeiten und sanft vorgehen.

Den Bereich rund um die Augen und die sensible Nüsternpartie spart man aus und putzt hier später mit einem Schwamm oder einem weichen Tuch. Dabei immer zwei unterschiedliche Schwämme für Augen und Nüstern verwenden, diese gründlich auswaschen und an der Luft trocknen. Die Schwämme sollten bei täglichem Einsatz nach zwei Monaten erneuert werden.

Aufgehübscht

Der Schopf kann nach einer langen Nacht ganz schön ungepflegt aussehen. Jetzt bloß nicht sofort zur Bürste greifen! Damit so wenige Haare wie möglich ausgerissen werden, kommt erst ein Pflegespray auf den Schopf. Wichtig: nicht ins Auge sprühen! Gehen Sie trotzdem strähnchenweise vor.

Pfiffiger Zopf

Ist der Schopf bereits verfilzt, sollten Sie jede einzelne Strähne am oberen Ende mit einer Hand umfassen und mit der anderen Hand die Bürste führen. Arbeiten Sie sich Zentimeter für Zentimeter von den Haarspitzen bis zum Ansatz durch.
Lange Schöpfe flechten Sie am besten über Nacht ein. Dann verfilzen sie erst gar nicht.

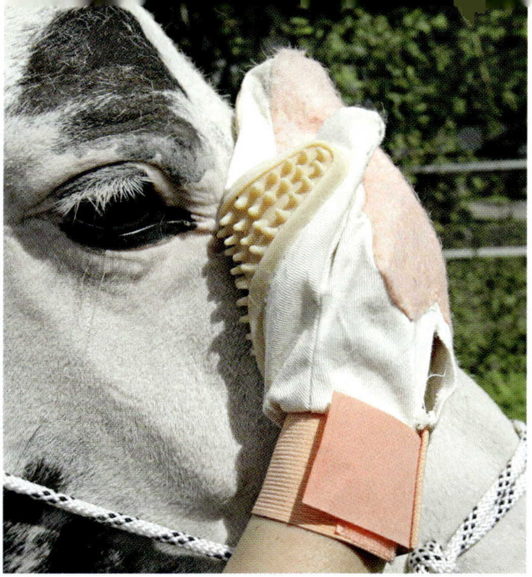

Handschuh-Feeling

Manche Reiter schwören auf spezielle Gesichtsreinigungs-Handschuhe. Meistens haben diese Handschuhe zwei unterschiedlich gestaltete Seiten: eine Seite mit Gumminoppen, die mit kreisenden Bewegungen (aber einfühlsam!) rund um den Kopf geführt wird, und eine weiche Seite, die dem Fell ein glänzendes Finish verleiht. Der Vorteil eines solchen Handschuhs ist, dass man den Kopf des Pferdes beim Reinigen genau fühlt und so auch in Bereichen putzen kann, die mit der Bürste nur schwer bearbeitet werden können. Der Handschuh ist viel flexibler und holt Unmengen von Schmutz aus dem Fell heraus.
Dennoch hat die klassische Bürste eine deutlich größere Anhängerschaft. Vielleicht, weil man im Handschuh schnell schwitzt?

Feines Näschen

Nun zu den Nüstern des Pferdes. Sie verschmutzen schnell und müssen täglich gereinigt werden. Hierzu kann man einen kleinen Schwamm verwenden. Tipp: Bei ganz besonders sensiblen Pferden sollten Sie den Schwamm vorher ein wenig mit handwarmem Wasser anfeuchten.
Man braucht für jedes Pferd einen Nüsternschwamm. Bitte nie einen Schwamm für mehrere Pferde verwenden! Dabei könnten Krankheiten übertragen werden. Das ist auch der Grund, weshalb viele Horse Groomer lieber Baby-Öltücher für die Reinigung der Nüstern verwenden und sie dann wegwerfen. Öltücher verleihen der Nüsternpartie auch noch einen schönen Glanz.
Wichtig: keine parfümierten Reinigungstücher nehmen. Sie könnten die Schleimhäute reizen.

Mähne und Schweif

Üppig wallend, keck und kurz oder einfach ganz unauffällig verzogen: Die Mähne des Pferdes ist ein Blickfang. Langhaar-Fans machen sogar eine ganze Philosophie daraus. Auch der Schweif gehört zum Langhaar. Mal opulent, mal eher spärlich ausstaffiert, erfreut er das Auge und hält im Sommer Fliegen fern. Umso länger und dichter das Langhaar ist, desto mehr Pflege benötigt es. Dabei kommt es aber darauf an, wie das Haar gepflegt wird. Wer Fehler macht, reduziert die herrliche Pracht innerhalb weniger Monate zu kläglichen Fransen. Danach dauert es Jahre, bis der attraktive Look wiederhergestellt ist. Wer nicht zu Extensions (künstliche Haarverlängerung) greifen will, sollte also besser gleich behutsam vorgehen.

Märchenrösser

Friesenpferde (rechts), Andalusier und Schwarzwälder Kaltblüter sind für ihr üppiges Langhaar bekannt. Sportpferde präsentieren sich eher im praktischen Kurzhaar-Outfit. Logisch. Während bei den einen der Showeffekt ganz klar mit im Vordergrund steht, darf bei den anderen nichts behindern, wenn es über Hindernisse oder durchs Dressurviereck geht. Mähne und Schweif sollten täglich gepflegt werden. Kurzes Haar wird mit einer Mähnenbürste durchgearbeitet und anschließend mit dem Mähnenkamm gekämmt. Längeres Haar sollte auf jeden Fall mit den Fingern vorsortiert werden. Auch am Schweif Strähne für Strähne sanft entwirren. Danach kann ein Pflegespray aufgetragen werden, bevor man das Haar vorsichtig durchbürstet.

Voluminös

Bürsten mit abgerundeten Metallborsten verleihen Mähne und Schweif ein tolles Volumen. Aber sie sollten nur an bereits durchgebürsteten Mähnen und Schweifen eingesetzt werden, weil sie ansonsten zu viele Haare ausreißen. Da es Jahre dauert, bis ein langes Haar nachgewachsen ist, darf das keinesfalls passieren. Ein Pflegespray macht das Bürsten einfacher.

Fingerspitzengefühl

Extrem lange Mähnen und Schweife immer Strähne für Strähne bürsten. Am besten mit einer Hand das obere Strähnenende festhalten, während die andere Hand die Bürste führt. Showreife Wallemähnen sollten über Nacht eingeflochten werden, das schont das Haar. Auf das Einflechten des Schweifes verzichtet man besser.

Handverlesen

Beim Verlesen geht man Strähne für Strähne vor. Immer mit beiden Händen arbeiten und jede Haarsträhne mehrmals mithilfe der Finger in kleinere Strähnen unterteilen. Knötchen ganz vorsichtig lösen. Das macht man so lange, bis es kein Problem mehr ist, mit allen Fingern fließend von oben nach unten durchs Haar zu gleiten.

Hufpflege

Fetten, Ölen, Teeren, gar nichts tun? Wenn es um das Thema Hufpflege geht, scheiden sich die Gemüter.
Experten wissen, dass eine optimale Hufpflege eigentlich die natürlichen Lebensbedingungen des Pferdes imitieren müsste. Das lässt sich in der Realität aber kaum umsetzen. Dennoch ist es möglich, Pflege-Tipps zu geben.
Hierzu gehört das tägliche Auskratzen der Hufe und die regelmäßige Kontrolle durch den Hufschmied oder Hufpfleger. Circa alle sechs Wochen sollte ein Fachmann vorbeischauen, um die Hufe auszuschneiden, zu raspeln und – falls erforderlich – zu beschlagen. Was Fetten oder Ölen angeht, hält man sich an die individuellen Anweisungen des Schmieds oder Hufpflegers.

Wie die Natur

Da die meisten Pferde keine natürlichen Haltungsbedingungen mehr vorfinden, müssen Defizite ausgeglichen werden. Hier kommen Fette, Öle und Balsam zum Einsatz.
An sie stellen Hufschmiede sehr hohe Ansprüche: Fette dürfen nicht minderwertig sein oder Bestandteile aus der chemischen Industrie enthalten. Ein Problem vieler Huffette ist außerdem, dass sie schnell ranzig werden. Wer Lorbeeröl anwendet, sollte wissen, dass der Trägerstoff hauptsächlich über den Kronsaum eindringt. So führt das Öl bei manchen Pferden in diesem Bereich zu allergischen Reaktionen.
Manche Schmiede halten Fette und Öle weniger dazu geeignet, pflegende Bestandteile in den Huf zu transportieren. Hufpflege ist dann angesagt, wenn das Umfeld

des Pferdes dauerhaft so nass ist, dass man ein „Auslaugen“ der Hufe verhindern muss oder andersherum, wenn es so trocken ist, dass die natürliche Feuchtigkeit mithilfe von Fetten oder Ölen im Huf gehalten werden sollte.
Das Hufpflege-Programm hängt deshalb entscheidend von den Haltungsbedingungen ab. Pferde, die in Boxen auf Spänen stehen, haben oft trockenes Horn.

Oben anfangen

In schlecht gemisteten Ställen werden Pferdehufe durch Feuchtigkeit und Urin strapaziert. Strahlfäule tritt hier häufig auf. Umso ungünstiger also die Haltungsbedingungen sind, desto mehr ist Pflege erforderlich. Tägliches Auskratzen ist aber auf jeden Fall ein Muss. Dabei kratzt man stets von oben nach unten und verwendet Kratzer mit abgerundeter Spitze.

Steinchen raus

Obwohl sich die Hufpflege bei artgerechten Haltungsformen reduziert, muss auf eine korrekte Hufstellung und bei Pferden ohne Hufeisen auf abgerundete Tragränder geachtet werden. Kratzen Sie immer gründlich aus. Ansonsten können kleine Steinchen in das Horn eindringen und unter Umständen Hufgeschwüre verursachen.

Abbürsten

Das Auskratzen der Hufe sollte immer mit Gefühl erfolgen, insbesondere im Strahlbereich. Bei zu grobem Vorgehen drohen Verletzungen.
Anschließend wird noch die Außenseite des Hufes abgebürstet und vielleicht mit einem feuchten Schwamm abgerieben. Dann sehen die Hufe rundum gepflegt aus.

Nach dem Ritt

Wer sein Pferd unter dem Sattel fordert, sollte es nach dem Ritt ordentlich und liebevoll versorgen. Angetrockneter Schweiß muss entfernt werden, die Hufe gehören kontrolliert und ausgekratzt und eventuell kann man die Beine mit einem Wasserschlauch abspritzen. Die Sattellage und der Bereich, in dem der Sattelgurt verläuft, sollten nach jedem Ritt auf Druckstellen abgesucht werden.
Wer sein Pferd nach getaner Arbeit einfach in die Box oder auf den Auslauf stellt, gefährdet seine Gesundheit. Erkältungen, Lahmheiten, angelaufene Beine und Koliken können die Folgen einer mangelnden „Nachversorgung" sein.

Atemlos

Bevor das Pferd nach einem Ritt wieder in die Box oder auf die Weide darf, sollte seine Atmung wieder ruhig und normal sein. Ein Blick auf die Flanken gibt Aufschluss. Man kann auch eine Hand vor die Nüstern halten, um den Atemrhythmus zu überprüfen. Acht bis 15 Atemzüge pro Minute sind im Ruhezustand normal. Geht die Atmung schneller, sollte das Pferd noch eine Weile lang im Schritt geführt werden, bis sich die Atmung normalisiert hat.
Schrittrunden sind auch erforderlich, wenn das Pferd geschwitzt hat und der Schweiß noch nicht abgetrocknet ist.

Ausgeschwitzt

Trockener Schweiß wird nach dem Ritt ausgebürstet. Im Sommer kann man ihm auch mit Wassereimer und Schwamm zu Leibe rücken und das Pferd anschließend mit einem Schweißmesser abziehen.
Tipp: Geben Sie einen Schuss Apfelessig ins Wasser. Das hält Fliegen und andere lästige Plagegeister fern und verleiht dem Fell außerdem einen schönen Glanz.
Die Hufe und Beine brauchen nach dem Ritt ebenfalls besondere Aufmerksamkeit. Die Hufe werden ausgekratzt und auf Verletzungen hin abgesucht. Sitzen die Eisen noch fest? Die Beine kann man nach größeren Belastungen mit einem Wasserschlauch abspritzen. Das ist gut für Muskeln, Sehnen und Bänder. Es gibt auch spezielle Kühlgels, die einen sehr wohltuenden Effekt auf strapazierte Beine haben.

Selbst ist das Pferd

Pferde genehmigen sich auch selbst eine „Nachversorgung", wenn sie die Möglichkeit dazu haben. So wälzen sie sich gerne ausgiebig nach dem Ritt. Das hilft gegen den durch das Schwitzen entstandenen Juckreiz.
Dieses natürliche Verhalten ist jedoch kein Ersatz für die gründliche Pflege nach dem Ritt. Bei kühler Witterung sollte man dem Pferd eine Abschwitzdecke auflegen, um zu verhindern, dass es sich erkältet. Diese muss nach circa 30 Minuten wieder abgenommen werden. Alternativ kommt auch ein Solarium in Frage. Es ist kein Ersatz für die Schrittphase nach körperlichen Anstrengungen, trägt aber dazu bei, dass sich die Muskulatur nicht zu schnell abkühlt, was zu einem Kreuzverschlag führen könnte.

Pflegeextras

Vor großen Auftritten sind spezielle Pflegetechniken gefragt. Schließlich muss die Optik des Pferdes stimmen, wenn Zucht- und Turnierrichter und das Publikum begeistert sein sollen. Dabei ist es ganz erstaunlich, welche simplen Mittel tolle Effekte erzielen. Man muss alerdings etwas Zeit investieren.

Auch gelegentliches Waschen des Pferdes gehört zur Extra-Pflege, ebenso wie das Nachschneiden des Schweifes, der hierbei etwas angehoben wird. Ansonsten ist er hinterher vielleicht viel kürzer als man eigentlich wollte: Das liegt daran, dass Pferde in Bewegung den Schweif deutlich höher tragen als im Stand.

Aufgepeppt

Glänzendes Fell steht ganz oben auf der Wunschliste vieler Pferdeliebhaber. Außer Bürsten trägt vor allem eine ausgewogene Ernährung dazu bei. Gibt man täglich circa zehn Milliliter Lein- oder Sonnenblumenöl über das Futter, glänzt das Haar schon nach wenigen Wochen deutlich mehr. Besonders während des zweimal jährlich anstehenden Fellwechsels sehen die meisten Pferde nicht so schön aus wie sonst. Das Haar glänzt weniger und wirkt oft sogar etwas struppig. Auch hier hilft ein kleines Extra im Futtertrog: 50 bis 150 Gramm Zwiebel täglich unterstützen den Stoffwechsel. Auch 20 bis 30 Gramm Tausendgüldenkraut verbessern die Stoffwechseltätigkeit, wenn man es täglich, als Aufguss zubereitet, unter das Futter mischt.

WUSSTEN SIE?

- dass man Öltücher wegen ihrer chemischen Bestandteile nicht allzu oft verwenden sollte?
- dass Sprühöl eine gute Alternative zu klebrigem Huffett ist?

Aufgeschäumt

Um eine Wäsche kommt man vor dem großen Auftritt nicht herum. Deshalb gehört ein rückfettendes Pferdeshampoo in die Putzkiste, mit dem auch verfleckte Schimmel-Mähnen im Handumdrehen wieder weiß erstrahlen.
Hochwertige Shampoos schäumen wenig und sind besser auszuspülen als Shampoos mit starker Schaumentwicklung.

Aufgepasst!

Eine Top-Fellqualität hat eine ganze Menge mit der Ernährung zu tun. So unterstützt die Zufütterung von Bierhefe beispielsweise die Hautgesundheit und sorgt für ein verbessertes Haarwachstum. Bierhefe enthält viele wertvolle Nährstoffe wie Aminosäuren, Spurenelemente und Mineralstoffe. Außer der Haut unterstützt diese wirksame Kombination auch Wachstum und Qualität des Hufhorns.
Und es gibt noch eine natürliche „Geheimwaffe“ für schönes Fell: Kieselgur. Es enthält viel Silizium, das Haut, Haar und Bindegewebe stärkt. Die zu verfütternde Menge hängt – wie auch bei der Bierhefe – von der Konzentration des gewählten Zusatzfuttermittels ab. Tipp: Fütterungsempfehlung beachten und zur Sicherheit den Tierarzt fragen.

Splish Splash

Komplette Waschungen des Pferdes sollten nur im Sommer erfolgen, wenn es über 25 Grad Celsius warm ist oder wenn im Stall ein Solarium zur Verfügung steht. Sonst besteht die Gefahr, dass sich der Vierbeiner eine Erkältung zuzieht. Auch die Nierenpartie ist empfindlich und darf nie direkt mit einem kalten Wasserstrahl gereinigt werden.

Partielles Waschen (zum Beispiel, um einen Fleck zu entfernen) ist jedoch auch im Winter völlig unproblematisch. Denken Sie immer daran: Stark erhitzte Pferde dürfen keinesfalls kalt abgespritzt werden, weil dies einen Kreislaufschock oder sogar einen Herzschlag verursachen könnte. Erst abkühlen lassen, dann mit lauwarmem Wasser waschen.

Eingeseift

Wer sein Pferd gründlich pflegt, greift gelegentlich zur Shampoo-Flasche. Auch hier findet sich ein üppiges Angebot und wieder gilt es, das pferdefreundlichste Produkt ausfindig zu machen. Keinesfalls sollte man Shampoos für den menschlichen Bedarf verwenden. Diese sind für die empfindliche Pferdehaut zu aggressiv.

Einmassiert

Ein gutes Pferdeshampoo ist pH-neutral und rückfettend. Sehr beliebt sind Shampoos auf Niem- oder Teebaum-Basis. Auch Mineralien aus dem Toten Meer finden zunehmend im Pferde-Pflegebereich Verwendung, wie auch Shampoos mit Distel- und Avocadoöl, die das Haar nicht nur reinigen, sondern auch gleich pflegen.

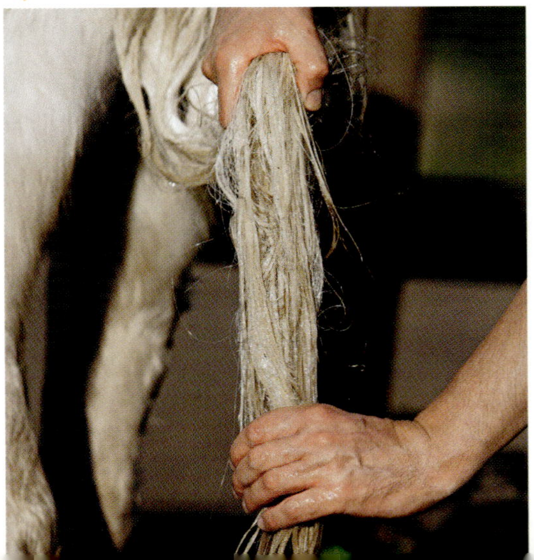

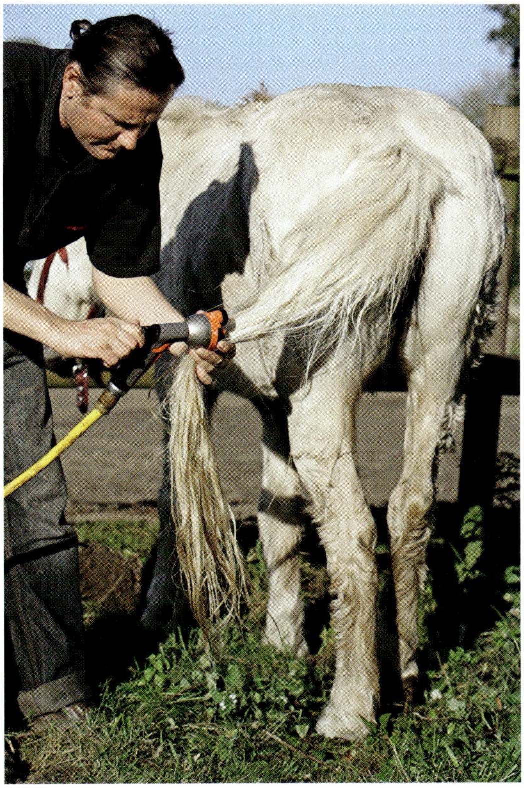

Ausgespült

Der Schweif lässt sich am einfachsten mithilfe eines mit lauwarmem Wasser gefüllten Eimers oder dem Schlauch waschen. Das Haar vorher gründlich durchbürsten. Dann wird der Schweif im Wasser eingeweicht, mit Shampoo eingerieben und wieder ausgespült. Es sollte kein Shampoo im Haar zurückbleiben. Nachdem der Schweif getrocknet ist, bürstet man ihn nochmals durch.

Abgespritzt

Idealerweise wäscht man ein Pferd mit Schwamm und Eimer. Das Wasser aus dem Schlauch ist sehr kalt – außer, es gibt einen Anschluss mit Warmwasser. Kommt der Kaltwasser-Schlauch doch zum Einsatz, beginnt das Waschen unten an den Beinen und wird langsam über Brust, Schultern, Hals und Rücken bis zur Kruppe hin fortgesetzt. Die Nierenpartie bitte aussparen. Sie ist ausgesprochen kälteempfindlich.

Scheren

Es gibt verschiedene Gründe, die den Einsatz einer Schermaschine sinnvoll erscheinen lassen.
So verschafft es alten Pferden mit verstärktem Haarwuchs Erleichterung, wenn die Temperaturen steigen, der dicke Winterpelz aber noch nicht ab ist. Aber auch bei jüngeren Pferden kann Scheren sinnvoll sein, wenn sie in der kalten Jahreszeit voll im Training stehen. Denn es dauert sehr lange, bis verschwitzte Pferde trocknen, wenn am Körper wolliges Winterfell prangt. Kreislaufprobleme und Erkältungen können durchaus Folgen von zu üppigem Haarwuchs sein.
In der Schau- und Turnierszene ist Scheren aus ästhetischen Gründen eine Selbstverständlichkeit.

Erkältungsgefahr

Vor einem leichtfertigen Umgang mit der Schermaschine ist ganz klar abzuraten. Pferde, die robust gehalten werden, sollten in der kalten Jahreszeit keinesfalls großflächig geschoren werden, weil sie sich ansonsten leicht erkälten. Werden sie viel geritten, schert man höchstens an Hals und Brust.
Das dichte Winterfell, das Pferde im Offenstall entwickeln, schützt den Körper vor Witterungseinflüssen wie Kälte, Nässe und Wind. Geschorenes Fell erfüllt aber diese Funktionen nicht. Deshalb müssen geschorene Pferde eingedeckt werden, wenn sie sich in nasskaltem Umfeld bewegen. Da sich Pferde in Offenställen jedoch nach Belieben wälzen können, ist eine dauerhafte Eindeckung nicht möglich. In Warmställen besteht dieses Problem nicht.

Senioren-Service

Ältere Pferde haben oft einen verlangsamten Stoffwechsel, der zu einem verzögerten Fellwechsel führt. Sie sollten zu Beginn des Sommers geschoren werden, weil der warme Pelz lebensbedrohliche Kreislaufprobleme verursachen kann. Das gilt auch für Pferde mit Cushing Syndrom, einer krankhaften Störung, die ein enormes Fellwachstum verursacht.

Top-Qualität

Bei der Schermaschine sollte man auf Qualität achten. Eine Komplettschur dauert bis zu drei Stunden. Hochwertige Maschinen bewältigen diese Herausforderung, ohne heiß zu laufen oder gar stumpf zu werden. Billigmodelle versagen schnell und machen das Scheren für das Pferd zu einer unangenehmen Prozedur.

WUSSTEN SIE?

- dass Füchse und Braune nach dem Scheren oft fleckig wirken?
- dass Scherköpfe regelmäßig nachgeschliffen werden müssen?
- dass während des Scherens immer wieder Öl auf die Schneidsätze geträufelt wird?

Insektenabwehr

In acht von zwölf Monaten des Jahres machen Insekten und Parasiten dem vierbeinigen Freizeitpartner zu schaffen. Fliegen, Bremsen, Kriebelmücken, Zecken und andere Lästlinge treiben ihr stechendes und saugendes Unwesen. Da sie Pferde krank machen können, muss etwas gegen diese Plagegeister unternommen werden.

Den Kopf schützen Fliegenmasken. Am Körper helfen Fliegendecken, Sprays, Gels und Lotions – mal Bioprodukt, mal auch chemische Keule. Kurz vor Sonnenaufgang und bei Einbruch der Dämmerung sind Insekten am aktivsten. Dann sollten die Pferde geschützt stehen. Ohne Schutz drohen Augenentzündungen, Allergien, Nervosität und Borreliose.

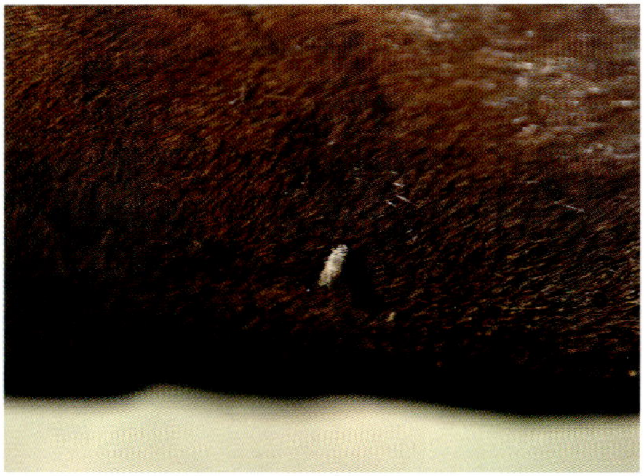

Beißen und Stechen

Das Wichtigste ist die Auswahl des Insektenmittels. Im Fachhandel findet man zahlreiche Sorten, doch nicht alle wirken. Da hilft nur ausprobieren. Aber: Nicht zu nah ans Auge kommen. Insektenmittel können im Auge brennen oder sogar zu Schädigungen führen. Deshalb einige Zentimeter weit vom Auge entfernt bleiben.

Sparen

Sollte doch einmal Fliegenmittel ins Auge geraten, sofort mit klarem Wasser ausspülen. Gute Fliegenschutzmittel für Pferde sind recht teuer. Deshalb bei der Dosierung präzise vorgehen. Bei Flaschen mit einer großen Öffnung empfiehlt sich das Umfüllen in eine kleinere Sprühflasche. Sie eignet sich dann auch für den Kopfbereich.

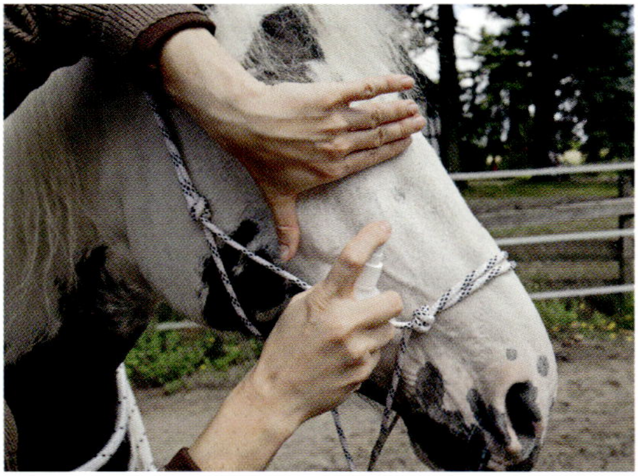

Ohne geht nicht!

Insektenbekämpfung ist aktiver Pferdeschutz. Denn ohne Schutzmaske, Fliegenspray und Zeckenentfernung könnten Pferde in vielen Regionen den Sommer nicht genießen. Zecken sind übrigens auch schon im Frühjahr aktiv. Und im Spätsommer laufen sie nochmals zu Hochtouren auf. Also: Während der gesamten Weidesaison auf der Hut bleiben.

Zeckenangriff

Die wichtigsten Zonen der Insektenbekämpfung sind: der Brustbereich, die Zone unter dem Bauch, die Flanken und das Gesicht des Pferdes. Auch wenn es tagsüber eine spezielle Fliegenmaske als Schutz trägt, sollten Sie den Gesichtsbereich sorgfältig behandeln.

Suchen Sie das Pferd auch nach Zecken ab, die Sie dann mit einer speziellen Zeckenzange entfernen. Passen Sie dabei auf, dass der Kopf der Zecke nicht in der Haut des Pferdes stecken bleibt, denn das könnte sich entzünden. Öl sollte man nie auf die Zecke träufeln.

Das Fliegenmittel arbeitet man besonders gründlich im Bereich von Wirbeln ein. Hier setzen sich gerne Insekten und Parasiten fest, die später zu Entzündungen und anderen Hautirritationen führen können.

Fohlen und Senioren

Ganz junge und alte Pferde stellen spezielle Pflegeansprüche.
Fohlen müssen erst einmal sehr langsam an den Einsatz von Bürsten und Striegeln gewöhnt werden. Auch das Auskratzen der Hufe erfordert geduldiges Üben.
Pferde-Senioren entwickeln oft sehr langes Fell und haben häufig beim Fellwechsel Probleme. Das bringt einen erhöhten Pflegeaufwand mit sich. Zum Glück gibt es spezielle Bürsten, die bei der Bewältigung des Haardschungels hilfreich sind.
Bei älteren Pferden müssen Zähne und Hufe besonders genau beobachtet werden. Hier kann es Veränderungen geben, die zu Beschwerden führen. Die Pflege und Behandlung von Zähnen ist jedoch dem Tierarzt vorbehalten.

Früh übt sich

Kaum auf der Welt, entdecken sie schon die Vorzüge eines Schlammbads. Fohlen haben mit strahlender Sauberkeit nichts am Hut. Da heißt es, tief in die Putzkiste greifen und das Mini-Pferd einfühlsam an das Pflegeprozedere gewöhnen.
Gehen Sie dabei ganz behutsam vor und üben Sie anfangs nicht zu lange am Stück. Ein paar Minuten täglich reichen völlig aus. Loben Sie schon beim kleinsten Erfolg!
Beim Hufeauskratzen muss man besonders vorsichtig sein: Fohlen können kräftig ausschlagen, und die kleinen Hufe sind ganz schön scharfkantig. Sie können schmerzhafte Verletzungen hinterlassen, obwohl man ihnen das aufgrund ihrer winzigen Größe gar nicht zutraut. Für Kinder können sie sogar lebensgefährlich sein, wenn ein gezielter Tritt den Kopf trifft.

Bei der Gewöhnung an die Körper- und Hufpflege sollte man immer liebevoll und schrittweise vorgehen. Fehler können zu hartnäckigen Problemen beim erwachsenen Pferd führen.

Ist das normal?

Alte Pferde entwickeln oft einen langen, dichten Pelz, der im Winter geradezu skurrile Formen annehmen kann.
Das mag tatsächlich altersbedingt sein, in manchen Fällen kann aber auch eine Hormonstörung zugrunde liegen. Handelt es sich um eine Überfunktion der Nebennierenrinde, die wiederum durch eine Veränderung an der Hirnanhangsdrüse verursacht wird, spricht man vom Equinen Cushing-Syndrom. Ein Bluttest verschafft Klarheit über die Ursache des übermäßigen Fellwachstums.
Wer sich bislang vor dem Einsatz von Metallbürsten scheute, wird als Besitzer eines haarreichen Pferdeseniors seine helle Freude daran haben. Denn wo normale Bürsten gar nicht mehr durchkommen, bewirken Bürsten mit langen Metallborsten (Achtung: Modelle ohne scharfe Kanten wählen) wahre Wunder. Sie helfen auch beim Fellwechsel im Frühjahr und im Herbst, weil sie Unmengen von losem Haar herausarbeiten.
Tipp: Verwenden Sie keine Hunde-Trimmmesser. Sie brechen das Haar ab. Enthaarungskämme, die von Islandpferdereitern gerne benutzt werden, leisten auch bei anderen Rassen gute Dienste. Sie haben auf einer Seite grobe und auf der anderen feine Zinken.

Pelz runter!

Im Frühjahr haben alte Pferde häufig Probleme, ihr Winterfell abzustoßen. Man kann sie in dieser Zeit kräftig mit der Bürste unterstützen. Da zu viel Fell bei hohen Temperaturen auch zu Kreislaufproblemen führen kann, greift man notfalls zur Schermaschine. Passen Sie aber auf, dass sich das Pferd nachts nicht verkühlt und scheren Sie nur Hals und Brust.

Aus der Trickkiste

Neben der täglichen Basispflege gibt es viele spezielle Pflege-Tipps. Denn ein Schimmel stellt ganz andere Ansprüche an seinen Pfleger als ein Rappe. Hin und wieder muss es auch schnell gehen, wenn man nicht viel Zeit zum Putzen hat und das Pferd trotzdem halbwegs gepflegt aussehen soll.

Früher gab es vor allem bewährte Hausmittel, um die verschiedensten Probleme zu lösen. Heute bietet der Reitsporthandel eine Reihe von Produkten, die auf individuelle Pflege ausgelegt sind. Am besten probiert man aus, was sinnvoll erscheint, und findet so die optimalen Produkte für das eigene Pferd.

Ausgeliehen

Manchmal hilft der Blick in andere Bereiche. So gibt es für die Hundepflege ein vielfältiges Repertoire an hochwertigen Pflegemitteln und anderem Equipment. Man findet zum Beispiel Metallbürsten, die sich wirksam, aber trotzdem sanft durch das Fell arbeiten. Im Hundesalon kommen sie täglich zum Einsatz. Pferdebesitzer lernen sie vor allem während des Fellwechsels und bei starken Verschmutzungen zu schätzen. Wichtig: Die Metallborsten müssen abgerundete Spitzen haben. Das ist nur bei hochwertigen Modellen der Fall. Die Bürstenköpfe sollten flexibel sein, damit sie sich optimal an den Körper anpassen.
Auf Trimmmesser aus dem Hundebereich verzichtet man aber besser. Sie brechen das Pferdehaar leicht ab und lassen es struppig aussehen.

Streng geheim

Die Basispflege ist im Prinzip für alle Pferde gleich, der letzte Schliff aber durchaus individuell. Das liegt an der Felltextur und an der Farbe des Pferdes, oft auch an der Rasse, die ein typisches Styling erfordert. So braucht man bei einem kurzhaarigen Warmblut andere Bürsten als bei einem Islandpferd. Die Haltungsbedingungen spielen natürlich auch eine Rolle.

Pflege-Tipps werden in Reitställen nicht gerne ausgeplaudert. Gerade in der Turnier- und Showszene hütet man die besten Kniffe wie Geheimnisse. Jeder möchte, dass sein Pferd der Star ist.
Doch das ist nicht besonders nett. Beim Sport zählt Fair Play und Reiter sind schließlich eine Gemeinschaft. Also: Ruhig auch mal die anderen vom eigenen Wissen profitieren lassen! Dann erfährt man selbst vielleicht auch noch einen „Geheimtipp".

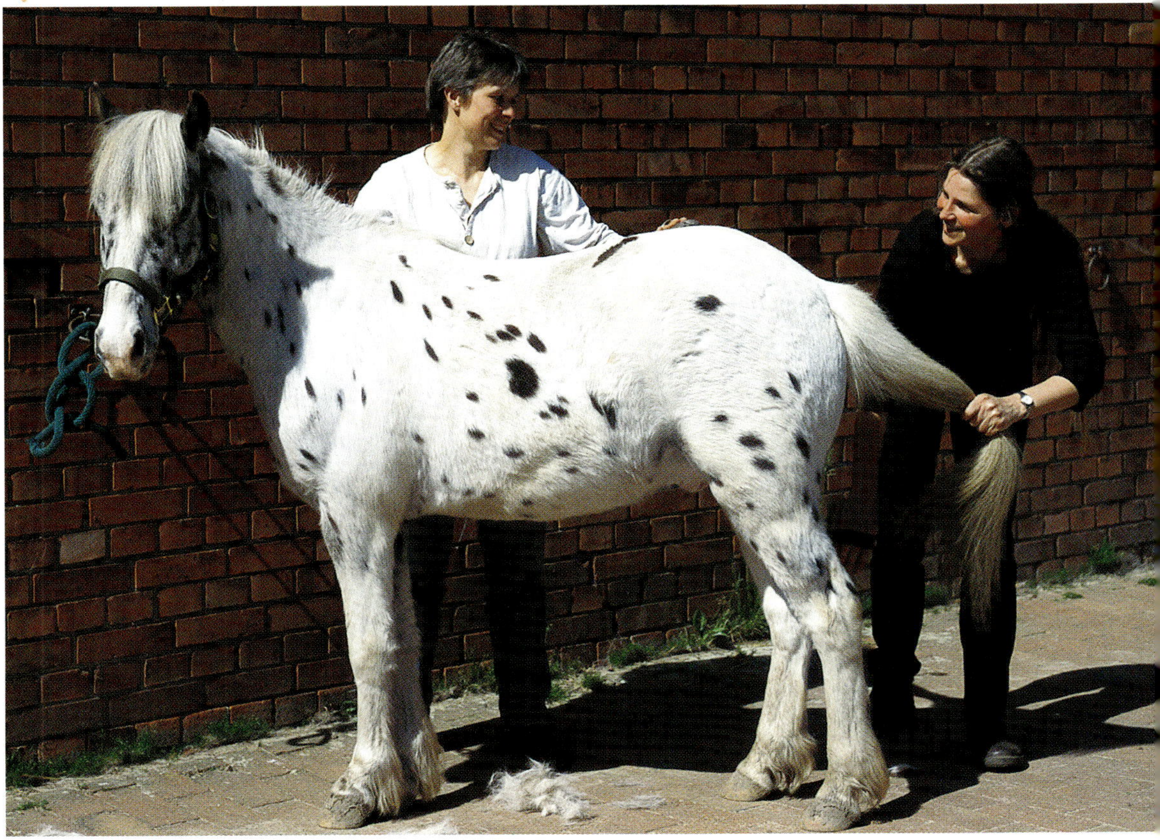

Express-Pflege

Heute keine Zeit zum Putzen? Das Pferd soll aber trotzdem manierlich aussehen? Dann einfach das Gröbste entfernen und einige Highlights setzen, die einen guten Eindruck machen. Die Sattel- und Gurtlage sollte aber auf jeden Fall gründlich gebürstet werden, damit keine Druckstellen entstehen. Und die Hufe müssen natürlich immer sorgfältig ausgekratzt werden.

Auch für das Anlegen von Sattel und Zaumzeug sollte man sich Zeit nehmen, damit alles korrekt sitzt. Nachlässigkeiten beim Auf- und Absatteln können schnell zu Druckstellen führen.
Hier einige Tipps, die bei der Express-Pflege hilfreich sein können. Erstaunlich, wie schnell man ein Pferd richtig schick aussehen lassen kann.

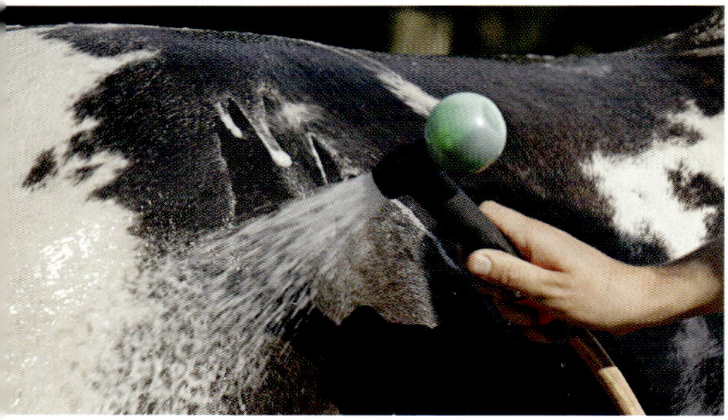

Shampoo

Ein bisschen Wasser und etwas Shampoo wirken Wunder, wenn Mist- und Grasflecken die Optik stören. Lassen die Temperaturen keine Wäsche zu, einfach mit einem feuchten Schwamm und etwas Shampoo arbeiten. Die verschmutzte Stelle mit lauwarmem Wasser einweichen. Das Shampoo mit dem Schwamm einmassieren, auswaschen und trocknen.

Spray

Mähne und Schweif lassen sich in wenigen Minuten zu glänzenden Highlights machen. Einfach ein Pflegespray auftragen und anschließend die Mähne mit einer mittelharten Bürste bearbeiten. Kein Babyöl nehmen, um dem Haar Glanz zu verleihen. Es zieht Schmutz an.

Slick'n Easy

Besitzer von Schimmeln und Schecken kennen sie, die hartnäckigen gelben Flecken, die immer da sitzen, wo sie am meisten auffallen: am Hals, an den Schultern und Sprunggelenken oder sogar im Gesicht. Doch auch dieses Problem lässt sich mit wenig Zeitaufwand in den Griff bekommen. Zum einen mit Wasser, Shampoo und Schwamm – zum anderen mit dem amerikanischen Slick'n Easy-Stein. Der Vorteil: Mit dem federleichten Powerstein wird Wasser überflüssig. Einfach mehrmals in Fellwuchsrichtung mit dem Stein über das Fell reiben. Der Fleck wird mit jedem Strich blasser.
Zum Abschluss geht man mit einer weichen Kardätsche über das Fell und schon erstrahlt das Pferd in voller Schönheit – ganz ohne Mistflecken.

Ruckzuck-Effekte

Express-Pflege hat nichts mit Faulheit zu tun. Sollte sie zumindest nicht. Denn Blitz-Styling ist keine gründliche Pflege, sondern eher Effekthascherei. Dazu gehört übrigens auch, die Beine des Pferdes mit einem Wasserschlauch abzuspritzen – falls sie verschmutzt sind. Das geht viel schneller als mit der Bürste. Anschließend kurz mit einem Handtuch abrubbeln und die Hufe mit Ölpflegetüchern abreiben. Das glänzt schön und lenkt die Blicke auf den saubersten Part des Pferdes.
Wer ständig auf die Express-Pflege zurückgreift, weil er zu wenig Zeit hat, um sein Pferd zu pflegen, sollte sich Verstärkung holen: eine Reitbeteiligung oder ein Pflegemädchen. Solange es aber nur ab und zu wirklich fix gehen muss, ist das kein Problem.

Strahlend weiß

Schimmel, Schecken und Pferde mit Abzeichen haben es: weißes Fell. Doch schneeweiß und makellos ist es meistens nicht. Die helle Pracht ist nämlich extrem anfällig für jede Form von Schmutz. Böse Zungen behaupten, Schimmel würden schon vom Ansehen schmutzig. Da könnte etwas dran sein ... Eine Herausforderung für putzwütige Pferdefreunde, die gerne die Bürste schwingen, ist weißes Fell aber auf jeden Fall.
Doch eine Bürste allein reicht meistens gar nicht, um das Fell wirklich strahlend weiß zu bekommen. Da muss man schon etwas tiefer in die Trickkiste greifen und kleine Geheimmittel wie Kohle, bleichende Wirkstoffe und dazu noch jede Menge Muskelschmalz einsetzen.

Gut getarnt

Wer einen Schecken besitzt, ist gegenüber Schimmelreitern durchaus im Vorteil. Zwar gibt es auch hier weiße Abschnitte, aber die Scheckung lenkt von Schmutzflecken ab. Dennoch sollten die weißen Bereiche möglichst täglich gründlich gebürstet und zwei- bis dreimal pro Woche mit einem Pflegespray behandelt werden. Das macht das Haar weniger schmutzanfällig und erleichtert die Pflege ungemein. Es gibt auch Spezial-Sprays für Schimmel, die einen aufhellenden Effekt haben.

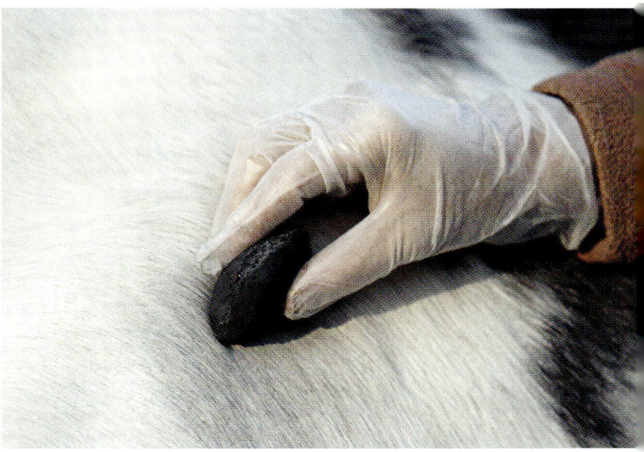

„Kohlweiß"

Kohle ist schwarz und staubt. Dass sie Schimmel strahlend weiß machen kann, erscheint auf den ersten Blick völlig paradox. Und doch funktioniert es. Mit einem Stück handelsüblicher Holzkohle reibt man mehrfach über die verschmutzte Stelle und bürstet sie anschließend mit einer weichen Bürste aus. Diesen Vorgang wiederholt man so lange, bis das Fell ganz sauber ist. Die „Kohlekur" ist allerdings nur dann erfolgsversprechend, wenn das Fell völlig trocken ist. Bei hoher Luftfeuchtigkeit, Regen oder auf verschwitztem Fell ist das Putzergebnis unbefriedigend. Dann arbeitet man besser mit Schwamm und Wasser. Tipp: Ziehen Sie einen Gummihandschuh an, wenn mit Kohle gearbeitet wird. Denn was das Fell weißer macht, färbt Hände schwarz.

Toller Teint

Mähne, Schopf und Gesicht sollten immer gründlich geputzt werden. Mist- und Grasflecken in diesen Bereichen machen den gesamten Look zunichte – auch wenn der restliche Körper supersauber ist.

Glanzrappen

Schimmelhalter werden oft bedauert, dabei haben es Besitzer eines Rappen auch nicht leichter. Zumindest, wenn es um die Fellpflege geht. Denn wer glaubt, dass man auf lackschwarzem Haar keinen Schmutz sieht, sollte sich mal einen Rappen bei Sonnenschein anschauen. Hautschuppen, Staub und winzige Schmutzpartikel zieren das Fell. Oft sind die Spitzen der Haare auch noch rötlich verfärbt, und das nicht nur am Körperfell, sondern auch in Mähne und Schweif. Perfektes Styling sieht anders aus. Um das Fell eines schicken Rappen showreif zu pflegen, greifen Kenner zu Spezial-Shampoos, Walnusssud-Tinktur, Fensterleder und anderen hilfreichen Mitteln. Denn: Nur bürsten reicht nicht, um echtes Tiefschwarz zu erhalten.

Walnuss-Power

Glanzrappen ziehen alle Blicke auf sich. Ihr Fell wirkt wie schwarze Seide – aber nur, wenn es perfekt gepflegt ist. Das beginnt mit der täglichen Grundpflege und endet mit Insider-Tricks, die den schönen Schwarzen den letzten Schliff verleihen. Alles muss picobello sein; auch Mähne und Schweif, Gesicht und Hufe. Man kämpft gegen Staub, Hautschuppen und lästige Verfärbungen, die durch Sonnenlicht entstehen.
Zum Glück lässt sich gegen all das eine Menge tun. Im professionellen Pflegebereich wurde aufgerüstet: mit speziellen Rappen-Shampoos, die das Schwarz intensivieren sollen. Es gibt auch Rappen-Sprays, die roten Verfärbungen mit Walnusssud zu Leibe rücken. Es ist bekannt, dass Sonnenlicht schwarzes Haar mit der Zeit ausbleicht und es dadurch rötlich erscheinen lässt. Das darf jedoch kein Grund sein, das Pferd selten oder nur eingedeckt nach draußen zu lassen. Nehmen Sie lieber leichte Rottöne in Kauf und ermöglichen dem Pferd ein angenehmes und artgerechtes Leben!

Polieren

Staub ist das Hauptproblem bei der Pflege von Rappen. Man kann noch so oft über das Fell bürsten, es scheinen immer kleine Partikel im Haar zurückzubleiben. Um auch sie zu beseitigen, gibt es mehrere Möglichkeiten. Die kostengünstigste ist ein Fensterleder: anfeuchten, gut auswringen und dann damit über das Fell streichen (immer in Wuchsrichtung).

Fensterleder sind auch gut geeignet für das Gesicht und die Beine, weil sie sich optimal anschmiegen. Stecken Sie das Tuch aber nicht feucht in die Putzkiste, sondern hängen Sie es ordentlich zum Trocknen auf, sonst wird es muffig.

Alternativ kommt auch ein Mikrofasertuch in Frage. Es nimmt Staub sehr effektiv auf und trocknet schnell. Um das Mikrofasertuch einsatzfähig zu halten, sollte man es gelegentlich bei 30 Grad in der Waschmaschine waschen.

Staubiges Fell kann man auch effektiv mit einem Stück Lammfell auf Hochglanz bringen. Hierzu eignet sich sowohl echtes Lammfell als auch synthetisch hergestelltes, wobei die künstliche Variante dazu neigt, das Haar statisch aufzuladen. Vorsicht: Sensible Pferde erschrecken sich, wenn sie plötzlich einen kleinen Schlag bekommen. Es gibt spezielle Putzhandschuhe aus Lammfell, die man ebenfalls bei 30 Grad in der Waschmaschine reinigen kann. Wenn es sich um echtes Fell handelt, empfiehlt sich ein Lederpflege-Waschmittel.

Bei der Rappenpflege geht es um Fleiß. Denn umso öfter man mit einer feinen Kardätsche oder einem Lappen über das Fell streicht, desto mehr glänzt es.

Das gilt auch für Mähne und Schweif. Viele Bürstenstriche lassen das Haar glänzender und voluminöser wirken. Aber aufpassen, dass keine Haare ausreißen!

Hausrezepte

Zugegeben: Das Angebot an professionellen Pflegemitteln ist verwirrend groß. Es gibt die unterschiedlichsten Shampoos, Conditioner, Sprays und vieles mehr. Doch nicht jeder schwört auf Chemie und nicht alle Bioprodukte halten, was sie uns versprechen.
Deshalb vertrauen nach wie vor viele Reiter auf alte und bewährte Hausmittel, zum Beispiel Zwiebeln, Kartoffelmehl und Tinte. Sie haben zwar auf den ersten Blick nicht viel mit der Pferde-Putzkiste zu tun, aber sie können bei der Fell- und Hufpflege äußerst hilfreich sein.
Hausmittelchen sind meistens sehr viel günstiger als Fertigprodukte. Was nicht heißt, dass sie weniger wirksam sind. Einfach mal ausprobieren!

Schwämmchen

Wenn man die Kardätsche nicht an einer zweiten Bürste, sondern an einem feuchten Schwamm abreibt, nimmt sie mehr Staub auf. Der Schwamm darf allerdings nicht zu nass sein, sondern wirklich nur feucht. Den Schwamm nach Gebrauch gründlich auswaschen, auswringen und an der Luft trocknen lassen.

Zwiebeltrick

Frisch eingeölte Hufe sehen klasse aus. Leider nur kurz. Denn schon nach einigen Metern durch den Sand sind sie über und über mit Sandkörnern gesprenkelt. Dagegen hilft ein einfaches Hausmittel: Die Hufe werden nach dem Ölen mit einer halben Zwiebel abgerieben. Dann bleibt nichts mehr daran haften.

Bierselig

Wenn die Mähne voller aussehen soll, kann eine Bierkur helfen. Dazu die Mähne anfeuchten, etwas Bier einmassieren, zehn Minuten einwirken lassen und wieder ausspülen. Dann erneut etwas Bier hineingeben und trocknen lassen.
Tipp: Bier intensiviert die Locken bei Curly Horses (oben). Das Ganze funktioniert auch mit dem Schweif (nicht das mit den Locken, aber das mit der Pflege).

Kartoffelmehl

Manche Schmutzflecken lassen sich nicht problemlos mit der Bürste entfernen. Feuchtet man hartnäckige Fälle aber an und bestreut sie dünn mit Kartoffelmehl, lassen sich die Flecken nach dem Trocknen ganz leicht ausbürsten.

Babyöl

Jeder sollte Babyöl in der Putzkiste haben. Man kann es auf die hornigen Kastanien an den Innenseiten der Pferdebeine auftragen, um diese einzuweichen. Totes Horn lässt sich so ganz leicht entfernen.
Diese Prozedur sollte man von Zeit zu Zeit machen, weil die Kastanien ansonsten zu groß werden und unter Umständen abreißen können. Dabei entstehen oft stark blutende Verletzungen.

Tintentrick

Man braucht zwar Fantasie, um sich vorzustellen, dass königsblaue Tinte Mistflecken entfernt, aber das kann sie. Geben Sie etwas Tinte mit einem Klecks Shampoo ins Waschwasser und behandeln Sie dann den Mistfleck mit dieser Mischung.

Das perfekte Styling

Es ist ein Unterschied, ob man sein Pferd für die Reitstunde putzt oder es für den großen Auftritt vorbereiten möchte. Ganz gleich, ob es sich hierbei um ein Turnier, eine Show oder eine Zuchtschau handelt – perfektes Styling ist gefragt. Das kostet Zeit und setzt jede Menge Know-how voraus. Am besten erkundigt man sich bei „alten Szenehasen", worauf es beim jeweiligen Styling ankommt. Oder man setzt sich in die erste Reihe und studiert die vorgestellten Pferde. Hier zählt die Liebe zum Detail und dazu gehören saubere Augenwinkel und Nüstern, gepflegte Mähnen und Schweife, glänzende Hufe und mehr.

Glänzend

Vollblutaraber-Schauen sind ein Paradebeispiel für Highend-Styling. Hier haben nur Pferde im allerbesten Pflegezustand eine Chance. Eigentlich sind zwar Exterieur und Gänge entscheidend, aber wer gepflegt ist, wirkt auf die Zuchtrichter viel besser als ein ungeschorenes und verschmutztes Pferd.

In der Araberszene wird alles aufgefahren, was Putzkisten und Schminkköfferchen zu bieten haben. Auch das Equipment sollte zum Top-Pflegezustand passen. Ein feines Schauhalfter und ein filigraner Führstrick sind für professionelle Araber-Vorführer (englisch: handler) deshalb völlig selbstverständlich. Die Blumenschärpe (links) ist allerdings kein Styling-Highlight, sondern eine Siegestrophäe. Schleifchen in der Mähne sind araberuntypisch.

Kaltblutpower

Bei Kaltblütern kann man häufig sehr aufwendige Stylings sehen. Sie werden gerne für Paraden und Folklorefeste traditionell herausgeputzt.
Shire Horses haben oft bunte Fähnchen in der Mähne. Diese historische Haartracht erfordert viel Fingerspitzengefühl und eine gut gepflegte Mähne. Der Zopf wird mittig über dem Mähnenkamm geflochten.

Barocke Pracht

Im eleganten Mozartzopf kommt dieser dukatgoldene Lusitano-Hengst daher. Er ist klassisch eingeflochten, typisch für Barockpferderassen. Auch der lange wallende Schopf wurde in einem ordentlichen Zopf zusammengefasst.
Dadurch kommt das barocke Profil des Lusitanos noch besser zur Geltung, und die Haare stören nicht bei den anspruchsvollen Dressurlektionen der Hohen Schule. Gerade bei den Schulen über der Erde wie z. B. Capriole oder Courbette dürfen keine störenden Haare in die Augen geraten.
Als optisches Highlight kann man am unteren Ende des Mozartzopfes eine kleine Blume oder ein Schleifchen platzieren. Aber bitte eher dezent als plakativ. Denn bei aller Deko sollte eines immer im Vordergrund stehen: das Pferd.

Showreif

Die Showszene erlebt einen Boom. Immer mehr Reiter entdecken die Faszination dieses kunterbunten Geschäfts. Sie präsentieren sich und ihre Pferde auf Abendgalas, auf Turnieren und im Zirkus.
Dass Pferde, die das Publikum begeistern sollen, in einem Top-Pflegezustand sein müssen, versteht sich von selbst. Erfahrene Show-Profis kennen sich damit gut aus. Sie achten schon bei der Auswahl des Pferdes darauf, dass es schön anzusehen ist. Lange Mähnen und üppige Schweife sind hierbei ebenso wichtig wie ausdrucksvolle Augen, ein hübscher Kopf und ein harmonisches Exterieur.
Vollblutaraber, Andalusier, Lipizzaner, Lusitanos und Friesen sind bei Showfans besonders beliebt.

Edel

Pferde strahlen Anmut und Würde aus. Im Idealfall zumindest. Denn dafür bewundern sie Menschen seit Jahrtausenden. Im Showgeschäft möchte das Publikum genau das erleben, die Faszination Pferd hautnah spüren.
Vollblutaraber, die als älteste Pferderasse überhaupt gelten, verkörpern für viele diese Vorstellung. Deshalb sind sie oft in Pferdeshows zu sehen oder auch im Zirkus. Jeder kennt die stolzen Hengste, die sich auf ein kleines Peitschenzeichen hin majestätisch auf die Hinterbeine erheben und unter dem Chapiteau für begeisterten Applaus sorgen.
Die Ausbildung in der Freiheitsdressur nimmt viele Jahre in Anspruch. Nur wenige Ausbilder verstehen es, Pferde auf diese anspruchsvolle Aufgabe vorzubereiten und sie gekonnt zu präsentieren.

Mächtig

Aber auch mächtiger gebaute Pferderassen haben längst Einzug in die Showszene gehalten. Lackschwarze Friesenhengste und bunte Barockpintos (oben) verfehlen fast nie ihre Wirkung. Diese beiden Rassen sind vor allem auch für ihre üppigen Mähnen und dichten Schweife bekannt. Hinzu kommt eine atemberaubende Knieaktion – alles perfekte Voraussetzungen für eine glamouröse Show. Aber nicht vergessen: Auch diese Rassen haben die ganz normalen Bedürfnisse eines Pferdes.

Spanisch

Wenn es um Pferdeshows geht, dürfen Spanier nicht fehlen.
Andalusier und Lusitanos dominieren seit Jahren die Showarenen. Richtig herausgeputzt machen sie viel her. Ihre langen Mähnen und Schöpfe bieten sich für alle erdenklichen Flechtvarianten an.
Im Ursprungsland werden die Schweife hochgebunden. Das sieht man hier nur bei Vorführungen, aber ansonsten werden die herrlichen Schweife am liebsten einfach offen getragen.

WUSSTEN SIE?

- dass Pferde seit dem 19. Jahrhundert ein klassischer Bestandteil des Zirkus sind? Philip Astley begründete diese Tradition in London in seinem Circus Maximus.
- dass es in Deutschland verboten ist, Schweife zu kupieren?

Schön fürs Turnier

Auf dem Turnierplatz zählen nicht nur überzeugende sportliche Leistungen, sondern auch das Aussehen. Man muss sein Pferd zwar nicht zur Beauty Queen machen, aber eine eingeflochtene Mähne sollte es schon sein.
Da die meisten Warmblüter eine kurze, verzogene Mähne haben, ist beim Einflechten etwas Geschick gefragt. Doch mit der richtigen Vorbereitung und Technik geht auch das relativ flott von der Hand. Wichtig: Einen Mähnenkamm und jede Menge kleiner Haargummis bereithalten. Diese reißen leicht. Erfahrene Pferdefrisöre haben deshalb gleich mehrere in der Hand oder um die Finger.
Auch Mähnengarn kann erforderlich sein, wenn die Rosetten wirklich halten sollen.

Anfeuchten

Für den perfekten Flecht-Look wird die Mähne zuerst angefeuchtet. Alternativ kommt auch ein Haargel in Frage. Das erhöht die Griffigkeit, die bei kurzen dichten Mähnen nicht so gut ist. Außerdem erhöht sich die Biegsamkeit des Haares. Vorsicht: Nicht zu fest flechten. Wenn das Haar trocknet, ziepen stramme Zöpfe.

Flechtkunst

Als nächstes wird die Mähne in circa zwei Fingerbreit dicke Strähnen unterteilt. Die einzelnen Strähnen fixiert man locker mit Gummis und überprüft, ob die Verteilung gleichmäßig ist. Danach wird jede einzelne Strähne durchgeflochten und unten mit einem Gummi befestigt. Schließlich wird jeder Zopf einmal oder zweimal nach innen eingeschlagen. Ein weiteres Gummiband hält den haarigen „Knubbel" in Position. Man kann auch ein weißes Klebeband um die Zöpfe legen.
Die Positionierung der Zöpfe wird beim Flechten festgelegt: links oder rechts vom Mähnenkamm. Werden sie nach oben geflochten, liegen sie später mittig auf dem Mähnenkamm auf. Was besser ist, hängt von der Halsform des Pferdes ab: Das Flechtwerk sollte den Hals verschönern.

Wer Wert auf höchste Stabilität und mehr Volumen legt, näht die Zöpfe ein. Dazu dreht man die geflochtenen Zöpfe wie eine Schnecke um sich selbst. Dann zieht man Nadel und Faden mehrmals durch die Mitte des Gummis und des Zopfes.
Auf diese Weise entstehen kleine, feste Rosetten, die auch wilden Kapriolen und schwungvollen Vorführungen standhalten. Anschließend müssen Sie den Faden fest verknoten. Wichtig: Zum Nähen eine dicke, stumpfe Stopfnadel und reißfestes Garn verwenden. Professionelles Mähnengarn gibt es übrigens auch im gut sortieren Reitsporthandel. Die Farbe des Garns sollte zur Mähne passen. Das gilt natürlich auch für die Gummis.

WUSSTEN SIE?

- dass man Zöpfchen nach spätestens drei Tagen wieder lösen muss? Ansonsten schädigen sie das Haar. Es bricht an den Stellen rund um die Gummis leicht ab.
- dass das Einflechten trockenen Haares fingerschonender ist als das mit angefeuchtetem? Dafür halten feucht eingeflochtene Haare besser.
- dass viele Zöpfe den Hals optisch verlängern und wenige Zöpfe den Hals kürzer wirken lassen?

Mähne verziehen

Die Mähne verziehen? Autsch! Das klingt nach Haare ausreißen und genau das ist es auch. Aber mit Technik und einem bestimmten Ziel.
Eine verzogene Mähne sieht gepflegt aus, weniger kantig als eine geschnittene. Vorausgesetzt, derjenige, der sie verzieht, weiß was er tut. Ob das Verziehen schmerzt oder nicht, sorgt unter Pferdefreunden immer wieder für hitzige Diskussionen. Eines ist sicher: Als angenehm empfinden Pferde die Prozedur nicht. Dennoch lernen sie, das Reißen am Langhaar zu ertragen. Manche setzen sich mit heftigem Kopfschütteln zur Wehr. Trotzdem ist das Verziehen nach wie vor üblich in den Reitställen.
Schweife werden nicht verzogen, sondern nur gelegentlich mit der Schere gekürzt.

Kräftiger Ruck

Dichte und lange Mähnen sehen bei vielen Pferden zwar gut aus, aber manchmal behindern sie auch. Um starkes Schwitzen unter der verschwenderischen Haarpracht zu verhindern, kann man die Mähne verziehen. Hierzu stellt sich der Pfleger auf einen stabilen Hocker, um leichter an die Mähne zu kommen. Er sprüht die Mähne zuerst mit einem Pflegespray ein, damit nicht zu viele Haare auf einmal herausgerissen werden. Dann kann es mithilfe eines Mähnenkamms losgehen.
Am besten beginnt man direkt am Kopf, weil die meisten Pferde beim Verziehen mit der Zeit ungeduldig werden und dann mit dem Kopf schlagen. Nun teilt man eine Strähne ab, hält sie mit einer Hand am unteren Ende fest und toupiert sie mithilfe des Mähnenkamms hoch. Dann wickelt man die verbliebenen Haare zwei- bis dreimal um den Mähnenkamm, beißt die Zähne zusammen und reißt die Strähne mit einem kräftigen Ruck aus. Eine Alternative ist es, die verbliebenen Haare direkt am Mähnenkamm abzuschneiden.

Sanfte Tour

Verziehmesser oder professionelle Ausdünnscheren leisten bei der Mähnenpflege auch gute Dienste. Sie sind vor allem bei Pferden sinnvoll, die mit dem Verziehen der Mähne überhaupt nicht zurechtkommen. Bei ihnen sollte auch nie die ganze Mähne an einem Stück verzogen werden. Besser ist es, die Arbeit auf mehrere Tage zu verteilen.

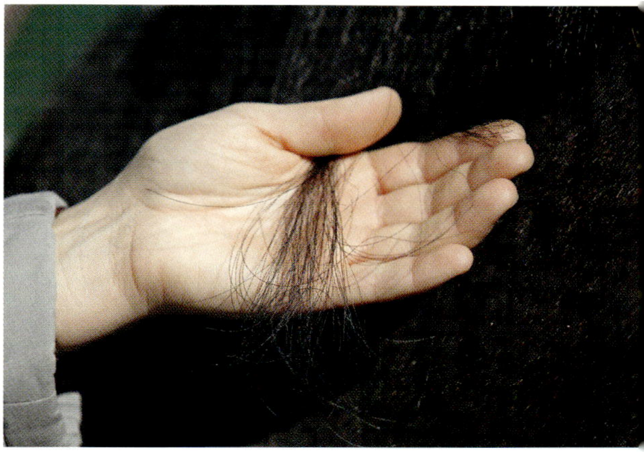

Toller Effekt

Sollten auch diese Methoden für das Pferd zu viel sein, verzichtet man besser ganz auf das Verziehen, denn was nützt die Optik, wenn das Vertrauensverhältnis zum Pfleger leidet.

Mit dem Verziehen der Mähne lässt sich übrigens auch Einfluss auf die Oberlinie des Pferdes nehmen. Indem man am Genick und am Widerrist mehr Haare ausdünnt, wird die Mittelpartie stärker betont, während der Hals im oberen und unteren Bereich schmaler und eleganter wirkt.

Eine verzogene Mähne gehört zum typischen Erscheinungsbild eines Warmbluts. Bei Spezialrassen wie Andalusiern oder Ponys wirkt es eher atypisch. Zu bestimmten Rassen gehört eben eine lange gepflegte Mähne. So wie der üppige Wuschel-Look zu kecken Ponys.

Zopfwunder

Zöpfchen flechten, Rosetten nähen, die Mähne verziehen ... Das dauert alles und manchmal hat man einfach nicht genügend Zeit für die raffinierten Seiten der Frisierkunst. Zum Glück gibt es eine pfiffige Styling-Lösung, die eine hervorragende Außenwirkung hat und gar nicht lange dauert: der Mozartzopf. Sieht schwierig aus, ist es aber gar nicht.

Allerdings bietet sich diese Alternative nur für Pferde mit relativ langen Mähnen an. Am typischen Warmblut mit exakt auf zehn Zentimeter verzogener Pracht lässt sich der hübsche Zopf, der auch als Bauernzopf oder Französischer Zopf bezeichnet wird, nur mühsam realisieren. Ansonsten ist er die Ideal-Lösung, wenn es einmal schnell gehen muss.

Praktisch

Eigentlich hat der Mozartzopf einen ganz praktischen Hintergrund. Er eignet sich perfekt dazu, lange Mähnen auch dauerhaft einzuflechten und sie so vor Verfilzungen zu schützen. Dabei ist diese Zopfvariante schonend und nicht haarfeindlich wie Zöpfe mit Gummis.

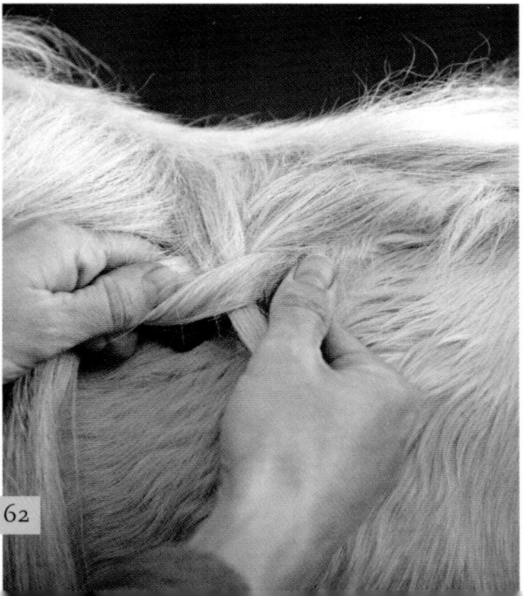

Verhedderfrei

Auch beim Reiten ist ein Mozartzopf sinnvoll, wenn das Pferd eine sehr lange Mähne hat. Ist sie gut eingeflochten, kann sich der Reiter nicht mit den Händen darin verheddern. Der Zopf ist schnell gemacht, allerdings strapaziert er die Hände, da man mit viel Zug arbeiten muss.

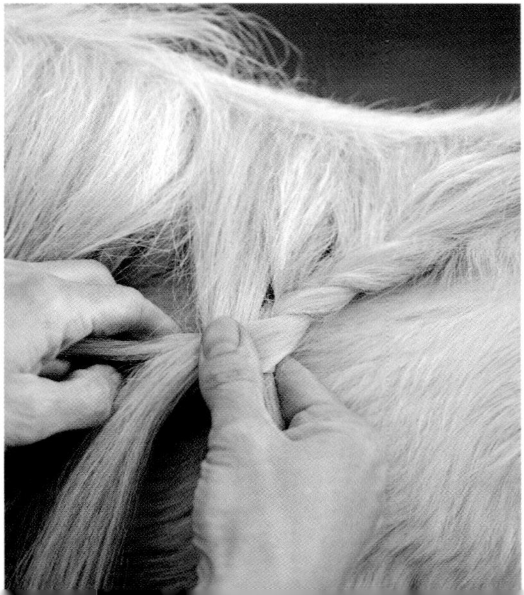

Step by Step

Kämmen Sie die Mähne auf eine Seite. Leichtes Anfeuchten erhöht die Griffigkeit. Nun drei gleich dicke Haarsträhnen am Genickansatz abteilen und kreuzen, als wenn man einen Zopf flechten wollte. Nun wird bei jedem Flechtabschnitt eine neue Strähne hinzugenommen und mit in den bereits bestehenden Zopf eingewoben.

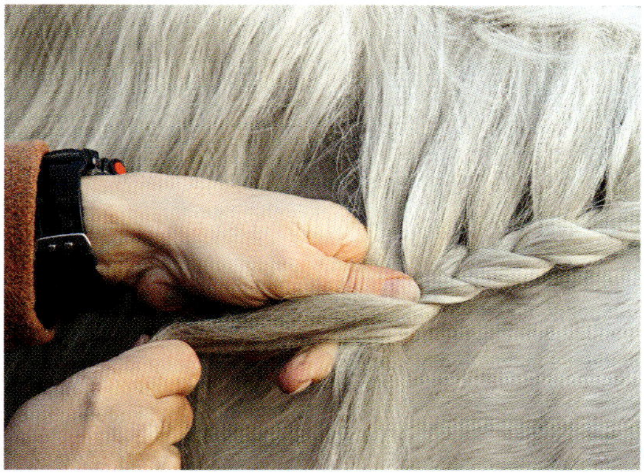

Spitzenmäßig

Wichtig: Die neue Strähne schön fest miteinflechten, ansonsten wölbt sich der Mozartzopf und sieht hinterher unordentlich aus. Das Ende des Mozartzopfes kann ganz nach dem persönlichen Geschmack gestaltet werden. Lösung 1: bis zur Spitze hin durchflechten, dann einschlagen und befestigen.

Krönender Abschluss

Lösung 2: Weiter oberhalb mit dem Zopf enden, ein Gummiband anlegen und die Haarspitzen wie ein Quaste herunterhängen lassen. Das sieht aber nur bei üppigen Mähnen gut aus. Ansonsten eine dekorative Schleife anbringen. Wer es ganz ordentlich mag, dreht das Ende schneckenförmig auf und näht es fest. Das hält dann gut und sieht akkurat aus.

Stilsicher

Ein gut geputztes Pferd kommt nur dann zur Geltung, wenn auch sein Outfit stimmt. Deswegen setzt ein gelungener Auftritt auch optisch ansprechendes Equipment voraus. Und da erweisen sich längst nicht alle Reiter als stilsicher. Mal stimmen die Farbkombinationen nicht, mal ist die Trense viel zu plump für den feinen Kopf. Auch der Sattel sollte zur Rasse passen.

Ein großer Barocksattel gehört ebenso wenig auf einen filigranen Vollblüter wie ein Rennsattel auf den feurigen Andalusier. Ganz gefährlich sind solche Modetrends, die dazu animieren, geschmacklich völlig aus dem Ruder zu laufen. Da werden schöne Rappen mit Leopardenfell-Schabracken aufgepeppt und Schecken mit Schottenmuster entstellt.

Doris-Day-Charme

Für Pferdeequipment gilt: lieber klassisch, denn Unauffälligkeit kleidet im Zweifelsfall besser als geschmackliche Verirrungen.
So machen Schimmel mit dunkelblauen Decken und Bandagen immer eine gute Figur. Dunkelgrün passt hervorragend zu Palominos und Rot zu Füchsen. Rappen wirken im weißen Gewand besonders edel, vorausgesetzt, alles kommt frisch aus der Waschmaschine.
Hochleistungs-Waschpulver ist allerdings nicht nur bei weißem Equipment gefragt. Die zarten Pastell-Kreationen, die sich mit softem Doris-Day-Charme in die Sattelschränke geschlichen haben, erfordern auch spezielle Aufmerksamkeit. Hellgelbe Decken, Bandagen und Satteluntertlagen sind ebenso schmutzanfällig wie eine Ausrüstung in hellblau oder rosa.

Stand früher nur vor dem Turnier ein großer Wasch- und Putztag an, so rappelt die Maschine nun beinahe nach jedem Ritt. Und die farblich passende Reithose dreht mit ihre Runden. Praktisch ist all das nicht, aber eben modisch!

Stil-Guide

Auch bei einer Vorliebe für modische Trends sollte man darauf achten, dass die gewählte Ausrüstung mit der Fellfarbe des Pferdes harmoniert und die Qualität stimmt. Trotzdem bleibt die Auswahl groß genug und es fällt schwer, den Überblick zu behalten. Hier ein kleiner Wegweiser:

Schimmel:
Alle Farben außer Weiß, besonders stilvoll: Dunkelblau, Dunkelrot, Dunkelgrün, Pastellfarben, Schwarz

Fuchs:
Dunkelrot, Stahlblau, Dunkelgrün; kein Orange, Türkis oder Schwarz

Palomino:
Pastellfarben, Dunkelgrün, Erdfarben; kein Orange, Weiß oder Schwarz

Rappe:
Alle kräftigen Farben und Weiß; kein Schwarz

Brauner:
Alle Farben außer Braun und Schwarz

Falbe:
Kräftige Farben (Rot, Blau, Grün, Maisgelb), keine Erdfarben

Schecke:
Gedeckte Farben und Naturtöne; keine Muster, denn Schecken sind von Natur aus bunt genug. Auch auf verspielte Details wie Quasten und Bordüren an der Schabracke verzichten.

WUSSTEN SIE?

- dass Karos auf Reithosen den Träger dicker aussehen lassen, als er ist?
- dass viele Distanzreiter neonfarbenes Zaumzeug mögen?
- dass Strasssteine am Stirnriemen ständig herausfallen, wenn sie nicht hochwertig verarbeitet sind?
- dass taillierte Reitjacken eine gute Figur machen?
- dass Naturtöne immer ganz besonders edel aussehen?

Fashion Victims

Die Ausrüstung ist das I-Tüpfelchen an einem gepflegten Pferd. Sie vermag die Stärken des Pferdes gekonnt in Szene zu setzen. Aber nur, wenn sie tatsächlich zu ihm passt und überlegt abgestimmt wurde. Glitzernde Strass-Steinchen, himmelblaue Satteldecken, Bandagen in zartem Rosé, orange Abschwitzdecken, türkise Halfter… Bunt geht es zu an vielen Reitställen.

Vorbei sind die Zeiten, in denen ein Reithalfter in Tabakbraun oder Schabracken in Schlammfarbe entzückten. Heute muss es schon ein bisschen mehr sein, wenn Trendsetter überzeugt werden sollen. Doch nicht jeder hat das Zeug, sein Pferd zur Stil-Ikone zu erheben. Oft wird es zum Opfer modischer Fehlgriffe. Vermeiden Sie die größten „No Gos".

Trendfallen

Der stylische Wind, der frech die einstige Modewüste „Reitstall" aufwirbelt, bringt nicht nur Segen. Oft endet trendiger Wagemut im optischen Fiasko.
Sicher, über Geschmack kann man streiten, aber manche Kombinationen machen jede Diskussion überflüssig. Wer möchte schon einen Schecken mit Leopardenfellimitat-Decke sehen? Zu bunt, zu unruhig, einfach schrecklich. Oder wie wäre es mit einem Schimmel, dessen durchaus gepflegtes Fell mithilfe eines strahlend weißen Halfters und einer ebensolchen Satteldecke so gelb wirkt wie die Zähne eines Kettenrauchers? Wen verwundert es, wenn sich Unwohlsein breitmacht, weil ein Rotfuchs im rosa-hellblau karierten Outfit daherkommt? Oder tollkühne Muster sich gegenseitig die Schau stehlen?

No Gos

Gewagte Kombinationen können neue Trends schaffen, aber auch einfach nur unpassend sein. Es gibt einige No Gos, die echten Stil-Ikonen die Schamesröte ins Gesicht steigen lassen. Hierzu gehören:

- die Kombination unterschiedlicher Muster; zum Beispiel eine rot-grün karierte Schabracke und eine gelb-blau gestreifte Abschwitzdecke;
- die Kombination verschiedenfarbiger Sattelunterlagen und Bandagen; zum Beispiel eine dunkelrote Schabracke und dazu signalrote Bandagen;
- schwarze Bandagen und Sattelunterlagen auf Rappen; womöglich noch mit Haaren und Staub übersät;
- ein weißes Outfit, das Schimmelfell gelb wirken lässt;
- verwaschene Farben auf blassem Pferdefell; zum Beispiel Beige oder Schlammfarben auf Falben;
- bunte Sättel;
- Plastik- und Lackoberflächen an Sätteln und Trensen;
- Raubtier-Look für edle Rösser;
- mit Glitzersteinen überladene Sättel und Trensen;
- Muster, die zu keinem Pferd passen.

Sanftes Miteinander

Warum immer nur Reiten? Haben Sie eigentlich schon einmal darüber nachgedacht, einen ausgiebigen Pflegetag einzuschieben? Ihr Pferd wird sich freuen, und auch Ihnen schadet das kleine Ausnahme-Programm gewiss nicht. Im Gegenteil: Die Beziehung zu Ihrem Pferd wird sich durch das sanfte Miteinander intensivieren. Es schafft Vertrauen und Nähe.
Nutzen Sie den Tag gleich dazu, auch das Equipment zu checken: Trensen reinigen, den Sattelgurt säubern und mal wieder die Decken waschen. Das kommt im stressigen Alltag oft zu kurz, ist aber wichtig, wenn die Ausrüstung lange halten soll.

Sensibelchen

Rund 800 Haare wachsen auf einem einzigen Quadratzentimeter Pferdehaut, dem größten Organ des Pferdes. Jedes einzelne Haar überträgt die zarteste Berührung, sogar das Krabbeln winziger Fliegenbeine wird wahrgenommen.
Die Haut ist ein wichtiges Sinnesorgan und wirkt wie eine Schutzhülle. Sie ist ausgesprochen empfänglich für Berührungen. Die tauschen Pferde auch gerne untereinander aus. Da wird zärtlich mit der Oberlippe gekreist und manchmal auch liebevoll mit den Zähnen gezwickt. Sind Menschen mit im Spiel, verläuft das Ganze eher einseitig, denn verzückt kneifende Pferdemäuler sind nicht ungefährlich – auch wenn die Annäherung lieb gemeint ist. Es tut dem vierbeinigen Freizeitpartner einfach gut, wenn der Striegel schön gleichmäßig kreist.

Schmusetag

Putzen wirkt wie eine gute Massage. Der gesamte Kreislauf und das Lymphsystem des Pferdes kommen in Schwung, Krankheitserreger und Schadstoffe werden schneller abtransportiert.
Aber auch die eigene Fitness profitiert ungemein, wenn man sein Pferd regelmäßig und entsprechend schwungvoll putzt. Die Armmuskulatur wird kräftig trainiert, man streckt und dehnt sich in alle Richtungen.
Wenn zum ausgiebigen Putzen auch noch zärtliche Schmuseeinheiten hinzukommen, reagieren viele Pferde regelrecht verzückt. Doch bei aller gegenseitigen Zuneigung sollte man immer an die Sicherheit denken. Im Gesichtsbereich des Menschen haben Pferdemäuler nichts zu suchen. Auch ein liebes Pferd kann aus irgendeinem Grund plötzlich einmal zuschnappen.

Putzmuffel

Sie sind ein Putzmuffel? Vermutlich männlichen Geschlechts? Dann sind Sie keine Ausnahme, denn Männer steigen in der Regel lieber sofort in den Sattel als Zeit auf dem Putzplatz zu „verschwenden". Genau diese Zeitverschwendung werfen sie ihren weiblichen Stallgenossen auch allzu gerne vor. Doch die lassen sich gar nicht beirren, beherrschen vielleicht einfach besser das erforderliche Zeitmanagement, um Körperpflege und Reiten gekonnt miteinander zu vereinen. Und sie wissen, warum sie so begeistert zur Bürste greifen: Weil regelmäßige Pflege Pferde gesund und auch zufrieden erhält.

Das ist Männern natürlich auch wichtig. Und zugegeben: Auch beim weiblichen Geschlecht gibt es einige Putzmuffel.

Nicht zu viel

„Zu viel Pflege macht krank", versichern überzeugte Putzmuffel und haben damit nicht einmal Unrecht. Zumindest, wenn es um das Waschen des Pferdes und den Einsatz von Glanzsprays geht. Werden beim Waschen keine milden und rückfettenden Shampoos verwendet, schwächt das die schützende Fettschicht der Haut. Pilze und andere Krankheitserreger haben leichteres Spiel.

Im Winter ist der Einsatz von Glanzspray bedenklich: Gute Pflegemittel umhüllen das Haar mit mikroskopisch feinen Partikeln und machen es so schmutzabweisend. Gleichzeitig setzen sie das natürliche Haarfett außer Gefecht. Das kann das Pferd bei Regen oder Schneefall unter Umständen erkältungsanfälliger machen.

Das klassische Putzen mit Striegel und Bürste hat nur positive Auswirkungen auf die Pferdegesundheit. Wer darauf verzichtet und ein ungeputztes Pferd sattelt, beschert ihm womöglich schmerzhafte Druckstellen. Auch die nachlässige Pflege der Hufe und Beine bleibt nicht ohne Folgen. Nicht entfernte Steinchen unter der Hufsohle können Geschwüre verursachen.

Minis sparen Zeit

Wenn Sie sich wirklich nicht mit ausgiebigen Putzstunden anfreunden können, aber nicht auf Ihr Hobby mit Pferden verzichten wollen, könnten Sie auch auf ein kleineres Pferd umsteigen beziehungsweise mit ihm Kutsche fahren. Minis müssen zwar auch gepflegt werden, aber an ihnen ist entschieden weniger zu putzen als an einem Warmblut. Ansonsten stellen sie aber ähnlich hohe Ansprüche wie andere Pferde.

Spaß beiseite: Natürlich sollten Sie die Entscheidung für ein Mini-Pferd nicht aus reiner Bequemlichkeit treffen. Zeit lässt sich auch anders sparen, und zwar mit klugem Management: Teilen Sie den Tag geschickt ein, planen Sie. Suchen Sie nach „Zeitdieben". Dabei kann es sich zum Beispiel um Personen handeln, die einen mit Belanglosigkeiten aufhalten oder auch um lange Telefonate. Knapsen Sie fünf Minuten ab, dreimal täglich – dann haben Sie 15 Minuten mehr Zeit für Ihr Hobby.

Vertrauen

Abschließend noch einmal der Appell an Pferdefreunde: Greifen Sie doch öfter zu Bürsten und Striegel, denn die Vorteile liegen klar auf der Hand. Wer sein Pferd regelmäßig pflegt, unterstützt seine Gesundheit und stärkt sein Vertrauen. Die Beziehung zwischen Mensch und Pferd festigt sich, was auf das Reiten selbst viele positive Auswirkungen hat.

In angsteinflößenden Situationen wird das Pferd besser vom Reiter zu beeinflussen sein. Es wird sich auf ihn verlassen. Pferd und Reiter werden zu einem Team, das gemeinsam durch Dick und Dünn geht. Darauf wollen Sie verzichten? Bestimmt nicht. Also: Holen Sie die Putzkiste und erleben Sie ganz bewusst, wie sehr Putzen das Vertrauen stärkt.

Ein starkes Team

Ein gut eingespieltes Team vertraut einander. Bedingungslos. Auch in schwierigen Situationen. Und gerade in solchen. Dieses Vertrauen erkennt man daran, dass das Pferd auf die Stimme des Reiters hört und sich von ihm beruhigen oder auch ermutigen lässt. Sanfte Berührungen an seinem Hals verstärken den Effekt noch. Man kann die Hände zärtlich kreisen lassen, ähnlich wie wie mit dem Gummistriegel in der ersten Phase des Putzens. Die kreisende Bewegung wird auch von Linda Tellington-Jones zur Beruhigung von Pferden eingesetzt. Die von ihr entwickelten TTouches bestehen aus kreisenden und auch streichenden Bewegungen, die in unterschiedlicher Druckstärke ausgeführt werden. Auch sie stärken die Bindung zwischen Pferd und Reiter.

Purer Genuss

Doch bei aller Begeisterung für das pflegende Wellness-Programm darf die schönste Sache, die man mit einem Pferd erleben kann, nicht zu kurz kommen: das sportliche Miteinander. Das kann Reiten, Fahren oder Voltigieren sein. Oder irgendetwas anderes, das Pferd und Mensch gerne gemeinsam machen. Es wäre schade, wenn die Freizeit nur noch daraus besteht, das Pferd aus der Box zu holen, es gründlich zu putzen und anschließend wieder wegzustellen.

Was könnte es Schöneres geben, als auf einem gepflegten, liebevoll gestylten Pferd durch eine herrliche Landschaft zu reiten und die Natur zu genießen? Die Harmonie zu spüren und sich im Sattel rundum wohlzufühlen ... Und wenn dann Spaziergänger anhalten und einen begeistert auf dieses wunderschöne Pferd ansprechen, darf man zu recht stolz darauf sein.

Service

Zum Weiterlesen

Amler, Ulrike: **Alles über Pferde und Reiten.** Haltung, Umgang, Rassen, Reiten lernen. KOSMOS Verlag, Stuttgart 2008
Das ultimative Buch für Pferdefreunde! Vom richtigen Umgang mit dem Pferd über die korrekte Ausrüstung bis hin zum Erfolg im Sattel: So macht das neue Hobby „Reiten“ Freude von Anfang an!

Binder, Sybille L.: **Was denkt mein Pferd.** Pferdeverhalten auf einen Blick. KOSMOS Verlag, Stuttgart 2006
Pferde senden viele Körpersignale aus. Wer sie richtig deutet, ist auf dem besten Weg zu einer verständnisvollen Partnerschaft! Zahlreiche Bilder helfen, typisches Pferdeverhalten zu erkennen und zu verstehen.

Binder, Sybille L.: **Wer zäumt das Pferd von hinten auf?** Populäre Irrtümer rund ums Reiten. KOSMOS Verlag, Stuttgart 2008
Ein Buch mit neuen Irrtümern für Pferdefreunde, die wissen wollen, was an den vielen Gerüchten rund ums Reiten dran ist.

Gohl, Christiane: **Was der Stallmeister noch wusste.** KOSMOS Verlag, Stuttgart 2008
Kurioses, Amüsantes und erstaunlich Nützliches rund um Pferde – aus einer Zeit, in der Reiten kein Hobby, sondern Alltag war. Das ideale Geschenk für jeden Reiter und Pferdefreund.

Metz, Gabriele: **Alles über Pferderassen.** Herkunft, Aussehen, Fähigkeiten. KOSMOS Verlag, Stuttgart 2007
Traumpferd gesucht? Dieses Buch nimmt sie mit auf eine Reise durch die faszinierende Welt der Pferde. Bekannte und exotische Rassen – wunderschön fotografiert und unterhaltsam vorgestellt. Ein Rassenführer, der einfach anders ist.

Single/Raue, Strübel: **Reiten mit Spaß und Erfolg.** Dressur, Springen, Gelände. KOSMOS Verlag Stuttgart 2008
Richtig gut Reiten lernen – dieses Buch ist die ideale Ergänzung zum praktischen Reitunterricht.

Widdicombe, Sarah: **Kosmos Pferde-Sammelsurium.** KOSMOS Verlag 2008
Ob handfeste Fakten oder schier unglaubliche Kuriositäten: Dieses Buch ist ein wahres Schatzkästchen für Pferdefreunde. Ein Stöber-Kompendium, das man so schnell nicht wieder aus der Hand legt.

Nützliche Adressen

Deutsche Reiterliche Vereinigung (FN)
Freiherr-von-Langen-Str. 13
D – 48231 Warendorf
Tel.: 0049-(0)2581-63620
www.fn-dokr.de

Vereinigung der Freizeitreiter und -fahrer in Deutschland (VFD)
Auf der Hohengrub 5
D – 56355 Hunzel
Tel.: 0049-(0)6772-9630980
www.vfdnet.de

Bundesfachverband für Reiten und Fahren in Österreich (BFV)
Geiselbergstr. 26 – 32/Top 512
A – 1110 Wien
Tel.: 0043-(0)1-7499261-13
office@fena.at
www.fena.at

Schweizerischer Verband für Pferdesport (SVPS)
Papiermühlestr. 40 H
Postfach 726
CH – 3000 Bern 22
Tel.: 0041-(0)31-335 43 43
info@svps-fsse.ch
www.svp-fsse.ch

TTEAM Deutschland
Bibi Degn
Hassel 4
D – 57589 Pracht
Tel.: 0049-(0)2682-8886
info@gilde.de
www.tteam.de

TTEAM Österreich
Martin Lasser
Spitalgasse 7
A – 2540 Bad Vöslau
Tel.: 0043-(0)664-12 50 252
tteam.office@aon.at
www.tteam.at

TTEAM Schweiz
c/o Maya Conoci
Bruster 111
CH – 8585 Eggethof
Tel.: 0041-(0)71 640 01 75
www.tteam.ch

Register

Bildnachweis

Alle Farbfotos dieses Buches wurden fotografiert von Gabriele Metz, Mülheim (www.gabriele-metz.de).

Impressum

Umschlaggestaltung von eStudio Calamar unter Verwendung eines Fotos von Christiane Slawik, www.slawik.com (Umschlagvorderseite) sowie zweier Fotos von Gabriele Metz, Mülheim, www.gabriele-metz.de (Umschlagrückseite).

Mit 111 Farbfotos

Unser gesamtes lieferbares Programm und viele weitere Informationen zu unseren Büchern, Spielen, Experimentierkästen, DVD, Autoren und Aktivitäten finden Sie unter www.kosmos.de

Gedruckt auf chlorfrei gebleichtem Papier

ISBN 978-3-440-11298-4
Redaktion: Birgit Bohnet
Produktion: Claudia Kupferer
Printed in Germany / Imprimé en Allemagne

Alle Angaben und Methoden in diesem Buch sind sorgfältig erwogen und geprüft. Sorgfalt bei der Umsetzung ist indes dennoch geboten. Verlag und Autor übernehmen keinerlei Haftung für Personen-, Sach- oder Vermögensschäden, die im Zusammenhang mit der Anwendung und Umsetzung entstehen könnten.